三峡船闸运行管理创新实践

姚金忠　胡兴娥　郭棉明　曹　毅 等　编著

中国三峡出版传媒
中国三峡出版社

图书在版编目（CIP）数据

三峡船闸运行管理创新实践 / 姚金忠等编著 . — 北京：
中国三峡出版社，2022.12
ISBN 978-7-5206-0242-6

Ⅰ. ①三… Ⅱ. ①姚… Ⅲ. ①三峡水利工程—船闸—运行—管理
Ⅳ. ① U641.7

中国版本图书馆 CIP 数据核字（2022）第 010612 号

责任编辑：彭新岸

中国三峡出版社出版发行
（北京市通州区新华北街156号 101100）
电话：（010）57082645 57082577
http: //media.ctg.com.cn

北京世纪恒宇印刷有限公司印刷 新华书店经销
2022 年 12 月第 1 版 2022 年 12 月第 1 次印刷
开本：787 毫米 ×1092 毫米 1/16 印张：9.25
字数：239千字
ISBN 978-7-5206-0242-6 定价：80.00元

《三峡船闸运行管理创新实践》编委会

前言

长江三峡水利枢纽工程（简称三峡工程）是世界上最大的水利枢纽工程，是治理和开发长江的关键性骨干工程，具有防洪、航运和发电等巨大综合效益。三峡双线连续五级船闸（简称三峡船闸）为三峡水利枢纽工程的主要通航设施。三峡船闸是世界上连续级数最多、水头最高的船闸，规模巨大、技术复杂，线路总长6442m，其中主体段长1621m，上游引航道长2113m，下游引航道长2708m。闸室有效尺寸280m×34m×5m（长 × 宽 × 槛上最小水深），运行水位上游145～175m，下游62～73.8m，总设计水头113m，最大通航流量56 700m^3/s。三峡船闸1994年4月17日开工建设，在设计和建设过程中解决了高边坡稳定、大流量高水头阀门水力学、超大型人字门结构及其启闭机和船闸运行集中自动控制等世界级难题，荣获了2007年全国优秀工程设计金奖和第六届中国土木工程詹天佑奖。三峡船闸2003年6月16日进入试通航阶段，2004年7月8日通过国家验收转入正式通航。

长江作为中国第一大河，是我们的母亲河。她养育了中华儿女，孕育了华夏文明，却在历史上很长一段时间里“通而不畅”，使得中国经济发展呈现明显的地域化差异。千里峡江素以急流险滩、蜀道艰难闻名于世，被视为中国东西部交通的畏途。三峡水库蓄水和三峡船闸的投运，实现了“高峡出平湖”和“天堑变通途”的梦想，打通了长江航运的交通瓶颈。从此，滚滚长江淌金流银、联动东西，成为名副其实的“黄金水道”，促进了沿江地区产业布局优化调整和社会经济发展，改变了区域经济发展不平衡的格局，缩小了东中西部之间的差距，为依托黄金水道打造长江经济带国家战略支撑创造了条件。

发展经济，交通先行。具有节能、环保、成本低、运能大、运距远等优势的长江水路运输业的迅猛增长，促进了国家经济的长期持续快速发展，而国家经济的快速发展又反过来对长江航运提出了新的更高的要求，旺盛的过闸需求是三峡船闸通航的压力，也是船闸运行管理创新的源泉和动力。作为长江通航的咽喉要道，三峡船闸的运行管理验证了工程设计理念的正确性和工程建设的质量，同时通过总结提高及发展创新，又充分发挥了三峡水利枢纽工程的航运效益。三峡船闸运行以来，通过加强管理、创新驱动，先后采取了156m水位下船闸四级运行、过闸船舶一闸室待闸以及增设上下游待闸设施、研制快速检修工装和工艺、大型陶瓷活塞杆启闭机油缸国产化、检修快速排水充水等技术创新措施，编制了首部大型船闸运行管理手册，创造性地提出了三峡船闸“大修小修化，小修日常化，化整为零，整件更换”的检修理念。“三峡工程围堰发电期及通航初期提高船闸通过能力措施研究与实践”项目获得了2009年中国水运建设行业协会科学技术奖一等奖，“《三峡船闸运行管理手册》编制与应用”项目获得了2012年全国电力行业企业管理创新成果一等奖。

创新是民族进步的灵魂，是国家兴旺发达的不竭动力。三峡工程是国之重器，是一座工程科技和管理创新的丰碑。作为当今世界上最大的水利水电工程，面临着一系列前所未有的世界级难题。在三峡工程的建设和运行管理过程中，始终坚持以创新驱动发展，从论证、设计、施工到运行管理，处处都闪耀着创新的智慧，取得了一系列重大成就，走出了一条有三峡特色的自主创新之路。依靠科技和管理创新，三峡船闸的运行取得了巨大成效。2011年三峡船闸年货运量过亿吨，其中北线船闸上行货运量为5534万t，提前19年达到并超过设计规划的2030年单向过坝运量5000万t的通过能力指标，三峡工程托起了长江航运新高度。三峡船闸通过货运量突破设计能力后屡创新高，2018年上行货运量达8124.5万t，超过设计通过能力62.5%；2019年货运量达1.46亿t。

创新、协调、绿色、开放、共享的新发展理念是习近平新时代中国特色社会主义思想的重要组成部分。创新作为五大发展理念之首，是三峡船闸运行管理过程中必须遵循的重要原则。未来对三峡船闸运行管理提出了新的更高的要求。总结三峡船闸运行管理创新实践，有利于促进三峡船闸运行管理在精细化和智能化创新的高端发展道路上砥砺前行，有利于进一步拓展三峡船闸的通航能力和发挥三峡工程的航运效益，同时也可为相关行业的运行管理提供借鉴和参考。

目 录

第 1 章 概论

1.1 工程概况

三峡船闸是三峡工程的主要通航建筑物，布置在枢纽左岸坛子岭左侧，采用双线连续五级的形式，为Ⅰ级船闸，包括上游引航道、船闸主体段、下游引航道、输水系统、山体排水系统等，沿航线方向从上游引航道口门至下游引航道口门总长 6442m，其中主体结构段长 1621m。船闸设计水平年为 2030 年，设计单向（下水）年通过能力为 5000 万 t，可通过万吨级船队，最大单船为 3000t 级。

三峡船闸在山体岩石中深切开挖修建，两侧均为连续高边坡，最大边坡高度达 170m，边坡高度连续超过 120m 的范围长约 460m。闸首和闸室墙均采用高达 40～70m 的衬砌结构，高薄衬砌结构船闸在国内外属首例。船闸的 6 个闸首工作门均采用人字门。级间最大输水水头高达 45.2m，且充、泄水体大，要求的输水时间短、闸室水面上升速度快。三峡船闸总体布置见图 1-1。

图 1-1 三峡船闸总体布置图

三峡船闸建设工程于1994年开工，2002年8月31日进行了船闸下游引航道破堰进水验收，2003年5月21日进行了船闸试通航前验收，2003年6月16日船闸进入试运行阶段。共完成土石方开挖5587万m^3，土石方回填1879万m^3，混凝土浇筑465万m^3，钢筋制安17.7万t，预应力锚索4376束，各种锚杆30.7万根，帷幕和固结灌浆26万m，金结及机电设备安装4.7万t（含埋件）。三峡船闸主体结构布置见图1-2。

三峡船闸是世界上规模最大、总水头最高、技术最复杂的内河船闸，作为长江中上游航运关键枢纽工程，面临较大通航压力，运行管理难度大，可供借鉴经验少。

1.1.1 水工建筑物

1）闸首

船闸南北两线共设有6个闸首，每个闸首均布置4个启闭机房、4个消防阀门室，基础排水廊道和管线廊道，在二至六闸首设置公路桥。一闸首为双向受力闸首，二至四闸首为全衬砌式闸首，五、六闸首为混合式闸首。一闸首闸顶高程185m，闸首结构长70m。二至四闸首闸顶高程分别为179m、160m、139m；二、三闸首结构长43.5m，四闸首结构长41.5m。五闸首上游段闸顶高程为116.67m，下游段闸顶高程96.42m；闸首结构南、中南、中北闸墙长52.8m，北闸墙长66.0m。六闸首闸顶高程96.42m，闸首结构长56m。

2）闸室

船闸主体段分为南、北两线，中心线相距94m，中间为57m的岩体隔墩（衬砌后为60m）。每线船闸分为5个闸室，底板与边墙为分离式结构。每个闸室有效尺寸为280m×34m×5m（长×宽×槛上最小水深）。一至五闸室结构段长分别为265m、263.5m、265.5m、265.5m、254.2m，墙顶高程分别为179m、160m、139m、116.67m、96.62m。船闸南线南侧闸墙顶设有9m宽的公路，北线北侧也设有1条上下游贯通的道路。在北线船闸北侧和中间隔墩两侧的闸墙上，设有交通道与回车场。在每个闸室的闸墙内侧每50m设1条从最低水位至闸墙顶部的凹形爬梯。

3）输水系统

输水系统由上游进水箱涵、主输水隧洞、分流口及闸室输水廊道、下游泄水廊道等组成。主输水隧洞分别在闸室两侧岩体中开挖衬砌形成，单线隧洞总长约1733m。主输水隧洞在每一级闸室中部通过一横向短隧洞与闸室输水系统的第一分流口相连。分流口及闸室支廊道布置于闸室底部，为4区段8支廊道分散式出流，盖板消能。4支进水箱涵布置在上游引航道内，分别与北、中北、中南和南4条主输水隧洞相连，每支箱涵有16个进水孔。下游泄水系统布置主、辅两套泄水廊道。主泄水廊道采用旁侧泄水布置，每线船闸的输水主隧洞在下游引航道距六闸首80m处汇合成一条泄水涵管，两条泄水涵管相邻布置，组成泄水箱涵，经下游引航道穿过下游隔流堤进入长江河道，泄水箱涵全长1350m。六闸首北、中北、中南和南边墙各设有1条辅助泄水廊道，必要时，小部分闸室水体泄入下游引航道。

4）引航道

上游引航道全长2113m，下游引航道全长2708m，均设有辅导墙、靠船墩和隔流堤等水工建筑物。上游浮式导航墙布置在上游引航道左、右两侧，长250m，各由4个重力式支墩

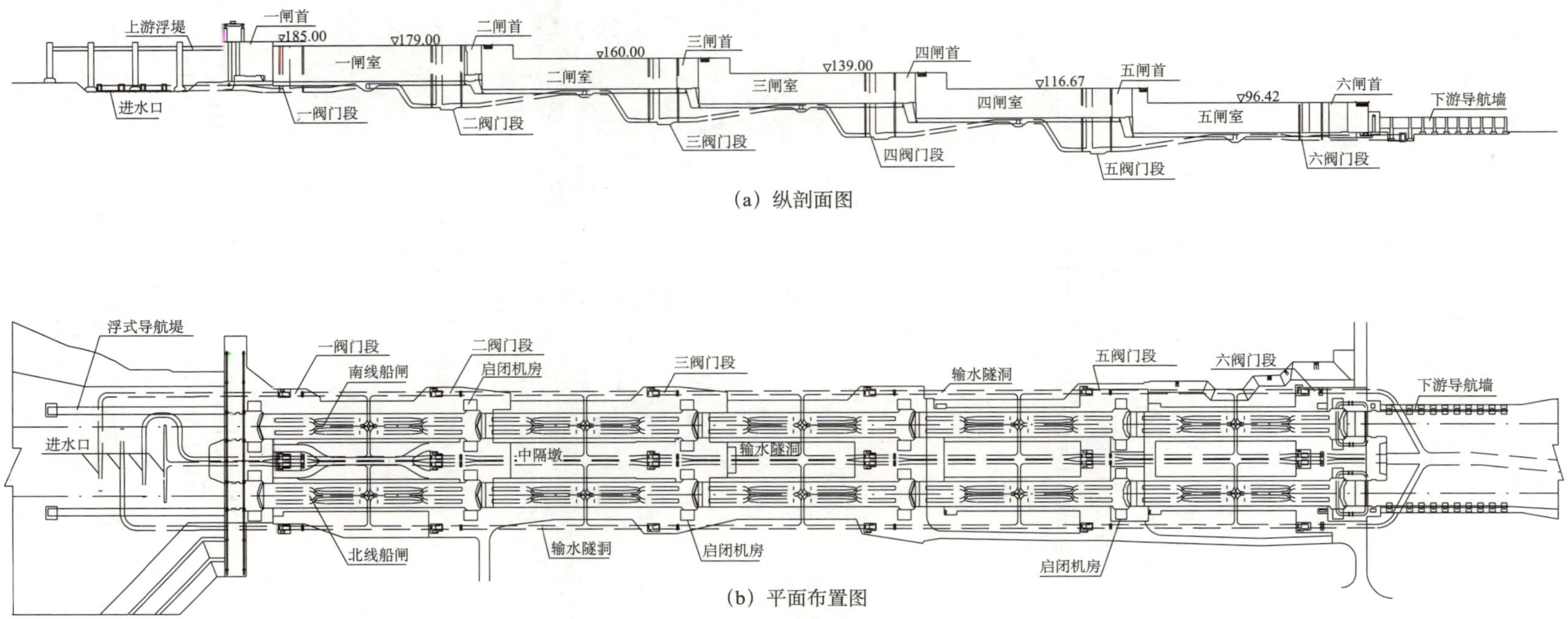

(a) 纵剖面图

(b) 平面布置图

图 1-2 三峡船闸主体结构布置图（单位：m）

和 4 节钢筋混凝土浮箱组成。下游导航墙布置在下游引航道左、右两侧，各长 196m，上游段 16m 为重力式结构，设有基础渗漏排水泵井和下游浮式检修门槽，下游段 180m 为墩板式导航墙，共设 10 个重力式支墩。上、下游引航道的左、右两侧各设 9 个靠船墩，间距 25m，布置长度 200m。墩顶设有 1 个固定式系船柱。上游全包隔流堤堤顶高程 150m，堤顶轴线总长约 2679.78m。下游隔流堤上游端与升船机航道右侧岸坡相接，堤身全长 3700m，为土石堤。

5）高边坡

船闸高边坡开挖坡度微新岩体 1∶0.3（闸室衬砌墙段采用直立坡），弱风化岩体 1∶0.5，强风化岩体 1∶1，全风化岩体 1∶1～1∶1.5。高边坡设有 2 排 1000kN 和 3000kN 系统锚索和随机锚索加固，布置间距 3m，在直立开挖部位设有高强度系统锚杆，布置间距 1.3～3m，下密上疏。高边坡典型断面见图 1-3。船闸南、北边坡山体内顺船闸轴线方向自下而上各设置 7 层排水洞及排水孔幕和 4 条通风吊物竖井。排水主洞平行于船闸轴线，总长 10 917m。每层排水洞高差 20～30m，距离船闸开挖边坡 30～50m，分布高程范围为 70～200m。

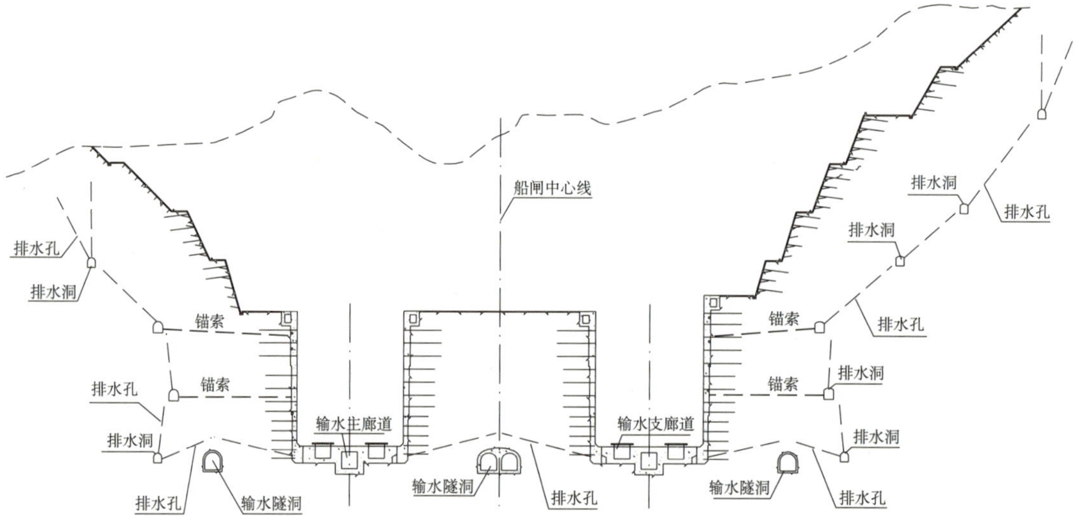

图 1-3　高边坡典型断面图

1.1.2　金属结构

1）人字门及启闭机械

每线船闸的 6 个闸首工作门均采用人字门，两线共 12 套 24 扇，人字门门叶为平板主横梁式结构，门体宽约 20m、高约 38m、厚 3m，单扇人字门重量约 900t，门体附件有顶枢、底枢、支枕垫块、预应力背拉杆、底止水等。人字门采用卧缸液压直推式启闭机操作，在一、二、六闸首的人字门全开位置设有液压锁定机构。双线五级船闸共设 24 台人字门液压启闭机，人字门启闭机型式为中部支承卧缸直推式，油缸安装在由滚动轴承支承的双向摆机架上，活塞杆前端与人字门拉门点采用球面滑动轴承铰接。人字门启闭机布置在各闸首启闭机房内，由液压油缸总成、启闭机埋件、液压泵站及管道系统、电力拖动和控制设备等部分组成。

2）输水工作阀门及启闭机械

输水工作阀门为反向弧形门，共 24 套。结构为横梁全包式，由门叶、支臂、支铰梁等组成，每扇阀门配置一台启闭机操作。工作阀门由布置在阀门井顶部的竖缸式液压启闭机通过铰接刚性吊杆组操作，动水开门，静水闭门，在事故工况或控制闸室超灌超泄时动水闭门。顶节吊杆与启闭机活塞杆铰接，最下节与阀门连接的吊杆为摆杆，可适应阀门启闭摆动，其他各节吊杆间均为十字铰接，各铰接点采用自润滑球面滑动轴承。最上和最下节吊杆为轮式导槽导向，其他吊杆为卡箍导向。工作阀门靠自重下落，液压系统能使阀门闭门时运行平稳，避免冲击底坎。

3）辅助泄水阀门及启闭机械

六闸首两侧辅助泄水廊道共设 4 套平面工作阀门。阀门挡水水头 22.6m，操作水头 6.00m，用竖缸式液压启闭机操作。阀门为潜孔式平面定轮门，主要由门叶、定轮、定轮轴、吊杆轴、轴瓦等部件组成，采用单吊点，正反向支承为悬臂式定轮（ϕ800mm），门叶止水设置在面板侧，闸门两侧设侧轮导向。

4）防撞警戒装置

二、三闸首防撞警戒装置为一组可随水位变化而上下升降的配有醒目标识的钢丝绳组，主要对船舶（队）起警戒作用，同时也可承受一定的船舶（队）撞击力。防撞钢丝绳组由固定卷扬机操作。

5）浮式系船柱

各级闸室均布置有 11 对可随水位变化而上下升降的浮式系船柱。浮式系船柱浮筒直径 1040mm，纵向系缆力 80kN，横向系缆力 50kN。

6）事故检修门及启闭机械

一闸首挡水前沿布置有事故检修门，采用 2×2500kN 双向桥机配自动抓梁启闭。事故检修门由上、下两层组成。上层为桁架式平面滑动闸门，采用焊接结构，分为上、下两节，节间用销轴连接，在事故或检修状态下挡水。下层为叠梁门，每线 8 节，分为 3 组，第一组 2 节，第二组 3 节，第三组 3 节，挡水时根据上游水位调整水下叠梁的根数，保证顶部水深为 5～10m。

7）输水廊道平板检修门

输水主廊道输水工作阀门的平板检修门共 16 扇，采用移动式启闭设备操作。其中一、六闸首上游平板检修门为一组，共 4 扇；下游平板检修门为一组，共 4 扇；二至五闸首上游平板检修门为一组，共 4 扇；下游平板检修门为一组，共 4 扇。

辅助泄水廊道工作阀门的平板检修门布置在辅助工作阀门的上游侧，共 4 扇，是辅助泄水廊道工作阀门检修时的挡水门。

8）浮式检修门

六闸首人字门下游布置有浮式检修门，两线船闸共用一扇，闸室检修时用拖轮牵引至门槽下沉就位挡水。门体为焊接箱形结构，设有中央水舱、边水舱、调节水舱、机舱和管系、水泵、闸阀以及电气控制等设备。在六闸首辅导墙间设有浮式检修门泊位。

1.1.3 机电设备

1）供电设备

三峡船闸设置4个10kV变电站。1号变电站布置在一闸首中隔墩下游处；2号变电站布置在三闸首中隔墩下游处；3号变电站布置在六闸首中隔墩上游处；4号变电站布置在二闸首中隔墩下游处。三峡船闸采用两级电压供电，高压侧为10kV，低压侧为0.4kV。10kV系统由三回进线电源组成，其中2回10kV电源引自坛子岭35kV变电站10kV配电装置，1回10kV电源引自左岸电厂10kV配电装置，船闸10kV配电装置设在2号变电站内。10kV电源经2号变电站10kV配电装置后，再各引2回10kV线路至1号、3号和4号变电站。10kV电源均为电缆线路，敷设在电缆廊道、竖井和管线廊道中。

2）工业控制系统

船闸工业控制系统由现地控制系统、集中控制系统、通航指挥信号系统、广播系统、工业电视系统等组成。南、北两线船闸各设置1套系统，重要部位采用冗余配置。船闸每个闸首启闭机房设置1套现地控制站，操作控制船闸各种闸阀门和启闭机械，两线共设有24个现地控制站。集中控制系统设备是船闸的控制、管理、通信中枢，位于船闸集控楼。通航指挥信号装置包括红黄绿三色通航指挥信号灯、中心灯、边界灯等。广播系统设5个播音区，每个播音区设置4只号角扬声器。工业电视系统用于全天候为船闸操作运行提供图像依据。

3）通信设备

船闸通信设备包括电话系统设备、光通信设备、船岸无线电台、通信电源。电话系统交换机、高频开关通信电源、光通信设备设置在三峡船闸集控楼通信室。光通信设备可使三峡船闸的有关信息传输到梯级调度中心。集控楼内设置2台船岸无线电台，作为集控楼内调度人员对过往船只进行调度的无线通信工具。

4）检修及渗漏排水系统设备

船闸有24个输水主廊道工作阀门检修排水泵房，每个泵房布置2台深井泵、1台潜水排污泵和1套电控设备。每线船闸五闸室设有一个检修排水泵房，每个泵房布置3台深井泵、1台潜水排污泵和1套电控设备。每线船闸的六闸首下游侧布置1个渗漏水抽排泵房，泵房集水井与基础廊道连通，每个泵房布置2台潜水排污泵和1套电控设备。船闸共有54台深井泵、30台潜水排污泵，用于阀门井、闸室检修排水及基础廊道排水。每个泵房的电控设备控制水泵、风机。控制设备通过船闸现地控制子站将运行信号传送至集中控制站。

5）暖通空调及生活给排水设备

船闸集控楼布置2台风冷热泵式冷热水机组，启闭机房控制室和变电站设置分体式空调器。船闸中隔墩设有4座卫生间，分别位于集控楼、2号变电站、3号变电站内，卫生间均设置一体式污水处理装置。

1.1.4 消防系统设备

船闸设有7个消防分区。每个分区有两大类消防设施，即消防水系统、火灾报警系统。另外，三峡左、右岸消防站配备15台消防车，可用于船闸消防。上、下游各设一个消防专用码头，每个消防专用码头各设两艘消防艇；在三峡枢纽内设有左岸消防站（兼三峡消防指挥中心）和右岸消防站。以上两座消防站和两个消防专用码头的消防设施均可用于船闸灭火。

船闸消防供水采用水池自流供水的常高压供水方式。三峡船闸消防供水主要由高位、中位供水系统供水。

1.2 建设期技术创新

1.2.1 高陡边坡施工技术

三峡船闸横贯枢纽左岸山体，两侧均为连续高边坡，最大边坡高度达 170m，边坡高度连续超过 120m 的范围长达约 460m。土石方明挖为 4196 万 m^3，土石方洞挖为 98 万 m^3，其土石方开挖总量若砌成宽、高各 1m 的墙，可绕地球赤道一圈。双线船闸中间留有 54～57m 的岩石中间隔墩。因此，在主体建筑物段形成双陡槽式双侧边坡。为充分利用岩石的高强度并考虑降低工程造价，在陡槽部位开挖成直立边坡，闸室的边墙为锚固在直立边坡上的混凝土薄衬砌，边坡的岩体也构成船闸结构的一部分。

与一般高边坡相比，双线五级船闸高边坡具有以下特点：

（1）它是在山体中深切出来的陡高边坡，高度大、形态复杂、范围广、应力释放充分，呈现出明显的卸荷和非均质特征。

（2）边坡须稳定，尤其是对其变形特性有严格要求。长江是我国的黄金水道，作为船闸的边坡，不仅必须保证整体和局部稳定，而且必须严格控制边坡的流变，以满足船闸人字门的正常运行要求。

（3）三峡船闸闸首及闸室边墙均为衬砌式结构，由高强锚杆连接在岩体上，边坡岩体段直接影响着闸首支持体及闸室混凝土衬砌墙的稳定与变形 。

（4）施工难度大，干扰多，工期紧。船闸工程不仅地面施工强度高，窄、深且陡的闸室直立边墙开挖困难，而且与大量地下隧洞与竖井开挖同步进行。如何解决开挖爆破的相互影响，最大限度地减少岩体损伤和确保施工安全，都是需要解决的难题。

为解决船闸高边坡开挖爆破施工技术难题，满足闸室开挖及边坡稳定要求，经分析确定高边坡稳定措施如下：

（1）超前施工山体内分层排水系统，包括排水廊道和排水孔。

（2）现场试验确定爆破方式和爆破参数，如槽挖深孔梯段微差爆破、侧向保护层爆破、基岩底部保护层爆破等。

（3）按开挖程序严格精细施工，先进行中间先锋槽开挖，后进行侧向保护层开挖；先锋槽采用液压钻进行梯段爆破和施工预裂，侧向保护层采用手风钻光爆开挖。

（4）及时进行地质素描和地质分析，确定随机支护设计，对关键块体和变形安全控制措施必须优先施工。

（5）随层及时喷锚支护，适时施加预应力锚索及系统高强锚杆，研发 1000kN 级双层防护带波纹管的无黏结锚索、双层防护 3000kN 级端头无黏结锚索等技术。

（6）加强原型监测和反馈分析，实行动态设计。

建设过程中注意动态控制，重点把握阶段间的转换，有效解决了深挖高陡岩石边坡的稳定和变形等关键技术问题。

监测结果表明，边坡变形主要发生在开挖过程中，船闸南北高边坡及中隔墩直立坡的变形开挖结束后绝大部分测点已收敛并趋于稳定，船闸高边坡整体稳定安全。实测边坡预应力锚索锁定预应力损失为 -0.60%～6.42%，平均为 2.76%。块体上锚索预应力损失量与非块体部位基本相当，预应力变化规律也基本一致。水库蓄水及船闸通航运用对锚索锚固力没有明显影响，锚索预应力没有明显变化。

1.2.2 高水头船闸的输水技术

三峡船闸级间最大输水水头达 45.2m，远超当时世界上已建大型船闸的最高水头，且充、泄水体大，要求的输水时间短、闸室水面上升速度快，导致廊道防空化难度大，需在满足船闸快速充、泄水要求的同时，保证在充、泄水过程中，输水廊道内不发生有害的声振和气蚀，闸室内水面升降平稳。

为解决充、泄水阀门及阀门段的振动和空化问题，经过长期大量的科学试验，尤其是 1∶10 大比例尺模型试验和技术攻关，采取以下综合技术措施：适当降低隧洞高程，以保证阀门有足够的淹没水深；阀门采用刚度和质量大的横梁全包式反向弧形门；操作时快速开启阀门；阀门后隧洞采用顶部及底部扩大的体型；阀门后通气。

船闸闸室内输水系统采用等惯性长廊道 4 区段 8 支廊道分散顶部出水加消能盖板形式，廊道系统以闸室水体中心线为对称轴对称布置，使闸室内水流分配均匀，保证了闸室快速、平稳地充、泄水。为解决连续船闸输水系统超灌超泄问题，提前关闭充水阀门以控制闸室水位的最大惯性超高（超降）值。

1.2.3 高薄衬砌结构技术

高薄衬砌结构船闸国内外尚无先例，三峡船闸主体结构需在山体深切开挖形成的岩槽中兴建，利用三峡坝区基岩强度高、完整性好和输水主廊道采用隧洞的有利条件，充分利用两侧岩体，地面工程闸首与闸室混凝土主要采用衬砌式结构。闸首和闸室墙均采用高达 40～70m 的衬砌结构。研究和采用这种结构型式，在发展船闸结构技术的同时，节省工程量，具有显著的经济效益。

鉴于闸室边墙墙后空间小、混凝土入仓非常困难而施工质量要求高的特点，经研究，首创了较为先进的单侧分离式液压滑模、双侧对撑式液压滑模、滑框倒模等施工技术，对闸墙结构混凝土工程的优质按期完成起到了关键作用。

衬砌式结构混凝土设计标号高、级配小，根据初步设计与招标设计要求，夏季不容许浇筑闸室底板与边墙结构混凝土。1999 年，船闸高边坡的开挖、锚固工程进度曾一度滞后，夏季浇筑结构混凝土不可回避。由此，系统研究了船闸地面、地下混凝土温度控制标准，对混凝土结构进行了优化设计，采取了一系列措施。这些措施的提前研究决策，为 2000 年及 2001 年夏季混凝土高强度连续浇筑及混凝土温度控制提供了可靠保证。

1.2.4 超大型人字闸门及其启闭设备

三峡船闸人字闸门的高度、门面水压力、自重和启门力均比较大。闸门结构既要求有足够的刚度，又要求能适应闸首的变形，以保证两侧刚性止水的效果；巨大的门体自重，加大了底枢润滑的难度，由于扇形大齿轮节圆的直径和模数超过了世界规模，三峡船闸已无法采用以往常用的轮盘式启闭机。人字闸门在关门状态下必须形成三铰拱结构且止水严密，因此闸门门体的门轴柱与斜接柱的直线度、两者的平行度以及门体边柱（门轴柱与斜接柱统称“边柱”）端部的尺寸公差必须得到保证。为达到这一目的，三峡船闸人字闸门的制作及安装采用了如下技术路线：闸门门体的各制作单元水平分段→整扇闸门在水平状态下卧拼组装→在无约束状态下检测验收→防腐涂装后出厂→工地竖立状态组装焊接。

通过技术攻关，在以下方面均取得突破：

（1）门体制造焊接变形控制技术。采用“两次定位法”拼接门叶，用热处理方法消除焊接残余应力。

（2）支枕垫块加工技术。人字闸门的支、枕垫块材质为 0Cr19Ni9N 锻件，加工难度大，精度要求高。采用了高精度数控机床加工支、枕垫块并在工厂内进行全长装配及配对研磨。

（3）底枢加工装配技术。采用特制珩磨工装及刀具加工蘑菇头，自润滑轴瓦与顶盖的压合采用液氮冷冻，底枢底座、蘑菇头及枕座埋件在工厂内整体组装后进行出厂验收。用液氮法将球瓦装入底枢顶盖见图 1-4。

图 1-4 用液氮法将球瓦装入底枢顶盖

（4）埋件安装精度控制技术。底枢埋件中心采用高精度全站仪和天顶仪测放，然后安装底枢埋件。顶枢埋件安装：A、B 拉架埋件安装时必须根据已经埋设的基础螺栓位置确定顶枢中心，用天顶仪（即垂准仪）下投至闸首底板，确定底枢蘑菇头中心，然后再根据已安装并经复测的底枢蘑菇头中心用天顶仪上投至船闸闸顶，在闸面上测放 A、B 拉架安装控制点和控制线，并确认顶枢中心与底枢中心位置度误差不大于 2mm。

（5）门体吊装、门体焊接、支枕垫块精细调整等方面也有突破，满足了人字门的制造及安装要求。启闭机采用大行程卧缸直连式无级变速液压启闭机。

1.2.5 复杂运行工况下船闸的自动控制系统

三峡船闸具有双向运行、换向运行、变级数运行、补水 / 不补水运行和防超灌、超泄控制等多种运行工况以及事故工况和突发意外事件应急处理等多种控制要求。为防止出现由于某个设备发生故障导致全线船闸停航，保证船闸正常运行，船闸的控制设备要求具有高度的准确性和可靠性。

按“硬件冗余、软件容错”的原则设置控制系统；研究推导了自动判断运行级数及补水量计算的数学公式并建立数学模型，编制运用级数判断程序和补水量的计算程序，控制系统可以随时根据现场水位信息自动生成船闸运行级数和实施补水量控制。

1.3 通航概况

在正常情况下，船闸采用单向过闸方式，南线船闸过下行船舶，北线船闸过上行船舶。在一线船闸检修时，另一线采用单向成批过闸，定时换向运行。根据上游水库水位和下游水位变化情况可将船闸运行方式分为四级运行、五级补水运行和五级运行，船舶通过船闸需3～4h。

三峡工程蓄水至 175m 以后，根本改善了重庆到宜昌 660km 的川江通航条件，使长江成为名副其实的黄金水道。重庆至宜昌航道维护水深从 2.9m 提高到 3.5～4.5m，船舶吨位从 1000 吨级提高到 3000～5000 吨级，结束了川江自古不夜航的历史。库区船舶单位千瓦拖带能力由建库前的 1.5t 提高到目前的 4～7t，每千吨千米平均油耗由蓄水前的 7.6kg 下降到 2.0kg。库区船舶航行的安全性也得到大幅提高，库区长江干线水上交通事故数平均较蓄水前减少了约 2/3，重大交通事故数约为蓄水前的 1/17。

自 2003 年投运以来，三峡船闸持续保持安全、稳定、高效运行，极大地促进了长江航运事业和沿江经济的快速发展。通过多年大力实施科技和管理创新，积极开展船闸扩能挖潜工作，船闸年过闸货运量屡创新高。截至 2019 年底，三峡船闸安全运行 16 周年，累计运行 15.84 万闸次，通过船舶 85.42 万艘次，旅客 1222.45 万人次，过闸货运量 14.01 亿 t，年均通航率 94.19%，高于 84.13% 的设计指标。2008 年试验性蓄水以来的年均通航率达 95.43%，相当于每年比设计指标多运行近 1000h。2019 年，三峡船闸货运量达 1.46 亿 t，是三峡蓄水前该河段年最高货运量 1800 万 t 的 8.1 倍，再创历史新高。2011 年双向货运量突破 1 亿 t，提前 19 年实现单向 5000 万 t 的规划通航能力指标。上行单向货运量连续 9 年超过 5000 万 t，其中 2013—2019 年连续 7 年突破 6000 万 t，2018 年达到最大值（8100 万 t），三峡船闸历年过闸货运量见图 1-5。

三峡船闸运行管理立足“构建以提高三峡枢纽通航能力为核心的运行保障机制”，明确量化管理目标为：在未安排船闸计划性停航检修的年度，通航保证率不低于 90%；在安排船闸计划性停航检修的年度，通航保证率不低于 85%；主要设备完好率超过 97%；无两线船闸

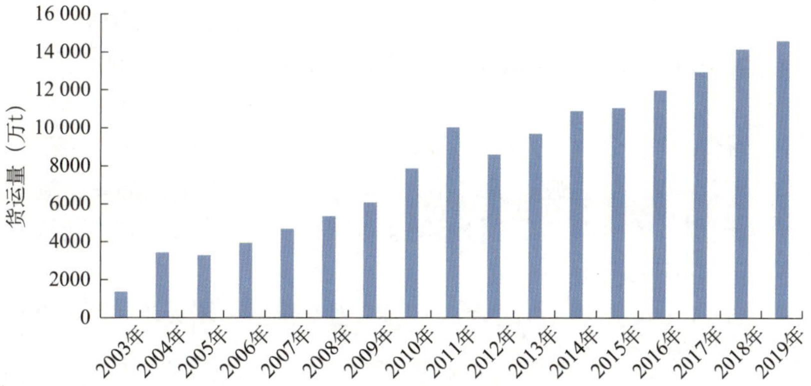

图 1–5　三峡船闸历年过闸货运量

同时停航责任事故。多年来三峡集团以创一流管理为目标，发挥建管结合优势，不断加强管理，大力实施科技和管理创新，积极开展船闸扩能挖潜工作，在行业主管部门的密切配合、共同努力下，三峡船闸长期保持安全、高效、畅通运行。船闸多年主要设备完好率达 100%，设备设施工作性态正常，各项运行技术指标满足设计要求，三峡船闸（含待闸锚地）运行保持平稳。船闸年均通航率达 94.19%，远高于 84.13% 的设计指标。

根据运行管理工作的实际需要，陆续组织制定了《三峡通航建筑物管理办法》《三峡船闸运行管理手册》《三峡枢纽突发事件应急预案》等管理制度和规范。其中，三峡集团组织设计、施工和运行管理等单位编制的《三峡船闸运行管理手册》是在总结运行实践经验的基础上编撰的国内首部大型船闸运行管理手册，主要内容包括概述、总则、操作与维护、检修、管理制度与预案等，首次提出了三峡船闸"大修小修化、小修日常化"的检修指导思想。编制发布《三峡船闸管理体系文件》《三峡船闸运行操作维护规程》《三峡船闸检修规程》《三峡船闸应急预案》，进一步建立健全了科学、规范的现场运行管理制度和操作规程。

针对三峡船闸设备点多面广的特点，运行现场设备维护管理实施了"1233"制度，即每月一次设备维护管理会议，实行技术主管，运行值、维修部两级设备管理模式，设备维护实行"三检"（设备点检、例检和定检）管理制度，设备故障实行"三不"（不过夜、不重复、不类似）管理制度。坚持对主要设备进行日常维护保养与巡视，对主要设备每昼夜进行 12 次点检，及时发现设备缺陷和故障隐患，及时处理，对辅助设备进行例行动机，按周期对设备进行解体保养和预防性检修。通过加强运行管理、检修、设备设施更新改造和轮换检修，船闸设备设施运行情况良好，设备故障率低。运行十多年来，船闸水工建筑物、金属结构与机电设备运行状况良好，各项运行技术指标满足设计要求；高边坡整体稳定性能良好，上下游引航道及连接段航道的适航性能良好，船闸（含待闸锚地）工作性态正常，运行保持安全、平稳。

1.4 挑战与创新

近年来，随着长江经济带建设等国家战略的稳步推进，长江航运迅猛发展，三峡船闸过闸船舶需求日益旺盛，船闸上、下游待闸船舶出现积压。船闸基本处于全年每天 24h 不间断运行状态，随着运行年限增加，船闸设备设施检修需求也明显上升，通航压力与船闸运行安全矛盾日益突出。

为保障船闸运行持续安全高效，船闸管理人员扎根现场、深入一线，摸清船闸设备设施运行状态以及故障发生规律，加强经验总结，不断探索，持续完善设备设施“点检、例检、定检”制度，全面覆盖、突出重点，确保船闸运行状态实时受控。组织开展船闸通过能力提升研究，积极推进研究成果转化。

运行方面：通过 156m 水位四级运行，下行一闸室待闸，增设上下游靠船设施等，减少船舶通过时间，提高船闸通过效率。

检修方面：通过研制三峡船闸移动式载人升降车、人字门同步顶升系统、输水廊道斜井段检测工装、输水廊道倒悬面快速修复砂浆、基础排水廊道竖井专用吊篮等，大大提高了安全性、可靠性和检修效率；通过检修事故检修门节间充水以及其他检修技术创新，缩短检修时间。此外通过统筹安排日常检修、专项修理和计划性停航检修项目计划，探索实施“大修小修化、小修日常化、化整为零”的检修模式，千方百计提高检修效率，最大限度地缩短检修时间，大大提升了船闸通过能力。

设备设施升级方面：通过一、二闸首人字门启闭机油缸国产化以及人字门顶底枢密封国产化，打破国外技术封锁，不仅支持了国产品牌，还有利于缩短采购周期，提高设备修理效率；通过人字门联门轴关节轴承换型、新型浮式系船柱、反弧门顶止水优化设计、船闸标识线、固体浮子式橡胶拦漂排等优化设计，提高了船闸运行可靠性。

通过一系列管理和科技创新，优化船闸运行方式，提高船舶通过效率；突破传统检修方式，提高检修能力；加强设备设施技术升级，提高设备设施性能。提高了船闸通过能力，提升了船闸运行管理水平，取得了一批自主知识产权的研究成果，多项技术属国内外首创。目前已获得发明专利 7 项，实用新型专利 18 项，参与制定国家标准、行业标准 4 项，制定集团公司企业标准 8 项，获得创新奖 4 项。

第 2 章 管理创新

2.1 《三峡船闸运行管理手册》的编制与应用

2.1.1 背景情况

长江三峡水利枢纽是在长江干流上兴建的一座综合利用水利工程，三峡船闸作为三峡水利枢纽的主要通航设施，是当今世界上连续级数最多、总水头最高和规模最大的内河船闸。三峡船闸有众多的设备设施，包括上游事故检修门、叠梁门及其桥式启闭机，上游桥机轨道梁，一至六闸首人字闸门、输水阀门、辅助泄水阀门及其启闭机，检修排水及渗漏排水设备，输水廊道检修门，防撞警戒装置，浮式系船柱，下游浮式检修门，船闸集中监控系统及现地电气控制系统，工业电视系统，通信系统，供配电系统，室内照明系统，通风空调系统，固定消防设备设施（含灭火器）及消防报警联动控制系统，生活给排水及冲淤设施等金属结构及机电设备共计515台套。其中A类设备（主要运行设备）88台套，B类设备（检修、排水等辅助设备）353台套，C类设备（污水处理、空调等设备）74台套。还包括上下游靠船墩、上游浮式导航墙、下游导航墙、船闸闸墙、船闸机房及管线廊道等水工设施。

2003年三峡船闸建成投入运行后，面对长江航运日益增长的过闸需求，三峡船闸很快达到满负荷运行状态，连续多年的运行实践使三峡船闸的管理者们逐渐体会到，三峡船闸作为长江黄金水道的“咽喉要道”，对促进长江航运发展极为重要，必须实现三峡船闸的安全、高效、畅通运行。因此，应最大限度做好三峡船闸的日常运行管理、船闸设备设施的日常维护管理及检修工作，以减轻船闸检修停航对通航造成的影响，不断拓展三峡航运效益，满足日益增长的长江航运发展需要。投入运行后，在运行管理方面也陆续出台了不少管理制度，编制船闸检修规程、完善应急预案等都逐步提上了议事日程。但无论是运行管理制度还是船闸检修规程都是针对船闸运行管理过程中单一事项的管理要求，在三峡船闸运行管理过程均暴露出不系统、不全面等问题。若是从规范船闸日常运行、维护管理要求、规范检修、应急预案等方面编制一套完整的三峡船闸管理指导手册，则意义更大。因此组织设计、施工和运行管理等单位进行反复讨论、酝酿，最终达成了编制《三峡船闸运行管理手册》的共识。

2.1.2 编制情况

为保证三峡船闸安全、畅通、高效运行，规范运行、维护、检修等工作，建立科学、高效的长期运行机制，充分发挥三峡工程航运效益，同时遵照国家有关法律法规和相关行业规范，于2009年组织三峡船闸的设计、施工和运行管理等单位在总结运行实践经验的基础上，启动了《三峡船闸运行管理手册》的编制工作。

面对三峡船闸日益增长的过闸需求，如何按照与时俱进、科学发展的要求，以高度的社会责任感，最大限度地做好日常的运行、维护管理工作，减少设备设施故障频次，缩短故障检修时间，提高通航率，不断拓展三峡航运效益，满足日益增长的长江航运发展需要，成为《三峡船闸运行管理手册》编写过程中需要重点思考和解决的关键问题，也是通过《三峡船闸运行管理手册》的应用、执行需要实现的首要目标。

因此，《三峡船闸运行管理手册》的编制明确了必须遵循三峡船闸科学管理的原则和要求，着重对三峡船闸运行管理过程中的一些规律性问题进行总结和提炼。

作为三峡船闸的日常运行、维护检修管理等工作的指导手册，为方便从事三峡船闸运行管理的不同层次人员都能依据《三峡船闸运行管理手册》规范化地开展船闸日常运行、维护、检修、管理等工作，《三峡船闸运行管理手册》全书按五篇进行编制。第一篇为船闸概述，设置6章，分别为三峡船闸总体布置、建筑物、闸阀门和启闭机及其他金属结构、机电设备、消防系统设备、安全监测设备，详细介绍三峡船闸设备设施及其相关技术参数，主要通过该篇全面介绍三峡船闸的设备设施概况。第二篇为总则，设置4章，分别为基本规定、船闸管理、船闸运行、船闸检修，分别介绍三峡船闸的管理体制、船闸正常运行技术要求、船闸检修的分类与组织管理等，主要通过该篇总体概述三峡船闸的管理体制、组织结构、正常运行技术要求和检修分类。第三篇为操作与维护，设置2章，分别为操作、维护，从操作、维护两方面详细规定三峡船闸的操作技术要求与日常维护要求，主要通过该篇系统地提出了三峡船闸日常运行维护管理要求，规定三峡船闸的操作与维护标准，用于指导三峡船闸日常运行和维护的规范化管理。第四篇为检修，设置5章，分别为检修工作规程、闸阀门及启闭机检修、电气设备检修、水工建筑物检修、辅助设施检修，规定了三峡船闸检修的工作流程及船闸各部分设备设施的检修技术要求，主要通过该篇系统地提出了三峡船闸的检修流程、工艺和检修技术要求，用于指导三峡船闸检修的规范化管理。第五篇为管理制度和预案汇编，收集、汇编了与三峡船闸运行相关的管理办法、规程及修订完善后的应急预案，主要通过该篇全面汇编三峡船闸现有相关管理制度和应急预案。

图2-1 《三峡船闸运行管理手册》

《三峡船闸运行管理手册》于2010年3月成稿，全稿近21万字，经过在实际运用中逐步完善、修订后，于2011年1月13日正式颁布实施，见图2-1。

2.1.3 应用成效

《三峡船闸运行管理手册》系统提出了三峡船闸日常运行维护管理规范，制定了三峡船闸的操作与维护标准，包括运行规定、操作流程、维护内容与周期、技术要求等。通过规范三峡船闸运行维护的管理，加大了船闸的日常运行维护力度。《三峡船闸运行管理手册》的贯彻执行规范了船闸的运行管理，自 2011 年 1 月 13 日颁布实施以来，三峡船闸年通航率常年保持在 94% 以上，与设计 84.13% 的指标相比，每年相当于多运行了近 50 天。

通过对三峡船闸运行关键设施运行工况规律的总结，《三峡船闸运行管理手册》确定了三峡船闸设施设备的检修类别、周期、内容、技术及工艺要求，从专项检修、小修、岁修、大修的推研，再到组织体系和制度的建立、工装设备的配置，不断推陈出新，充分运用科技创新手段，完善快速检修的施工组织、专用工装、材料及工艺，制定了三峡船闸关键设备设施检修工艺，如特大型人字门顶升检修工艺、水工缺陷修补工艺、浮门沉浮作业工艺、闸室检修排水与充水工艺等，提升检修管理水平，可操作性强。通过手册的贯彻执行，千方百计提高检修、抢修的工作效率，最大限度地缩短检修、抢修时间，确保船闸畅通，为三峡船闸赢得更多的通航时间，对促进三峡船闸规范管理和安全高效运行具有重要意义。

同时三峡船闸作为技术最复杂的内河通航建筑物，在运行管理方面尚无太多可借鉴的经验，通过总结三峡船闸的设计、施工和运行管理经验编制的《三峡船闸运行管理手册》也是国内首部大型船闸运行管理手册。通过手册的贯彻执行，规范三峡船闸的运行、维护、检修管理，采取多种措施拓展三峡工程航运效益，不断提升枢纽通航管理工作的窗口形象和安全生产水平，努力实现“一流的工程、一流的管理”。手册的应用对运行和管理好三峡船闸，充分发挥枢纽通航效益具有里程碑意义。

2.2 三峡船闸检修模式

2.2.1 背景

对于大型水利枢纽工程的运行管理，不论是水力发电厂，还是通航建筑物，其设备设施都是有设计使用寿命的，须按设计时限要求通过检修恢复和提高设备设施的技术性能及运行可靠性。目前国内外通航建筑物一般均实行抢修、专项检修和计划性停航检修等检修方式。抢修是指当设备设施发生事故或重大故障，影响船闸安全运行而使船闸不能正常使用时采取的非计划性应急修理。专项检修简称项修，是指对处于故障状态或性能明显下降的设备总成、重要部件、结构部位及水工建筑物的较大缺陷及时进行有针对性的拆卸修理或更新改造，一般可不停航，或结合大修进行。由于计划性停航检修实施专项修理工程较多，需要更换或成批拆卸修理大型设备及进行工程量较大的结构修理修补，因此通常也称大修，检修周期可根据实际情况确定，一般按 6～8 年进行一次，检修施工时间一般为 60～100 天。

就对通航的影响来看，以上三种检修方式中抢修和大修都必须在停航的情况下进行，对通航的影响大。从保障通航建筑物安全高效运行的角度，抢修都应该极力避免发生。根据通航建筑物设备设施的设计使用寿命和运行工况开展的计划性停航检修属于必须进行的。国内同等规模单级船闸运行30多年来，为保障船闸安全运行，避免发生应急抢修情况，一直较高频次地实施计划性停航检修，其主要特点是平均每两年会对单个船闸实施一次计划性停航检修，单次计划性停航检修实施时间相对较长，检修时间为60～100天。

针对三峡船闸而言，参照传统模式，应是一条线停航检修，另一条线通航。长江航运的迅猛发展，使得每天都有近160多艘船舶通过三峡船闸，即使单线船闸停航1天，也会增加近60～70艘船舶积压在三峡大坝；如果单线停航60天，即使启动长江沿线联动机制和过闸货运限制分流措施，积压在三峡大坝的船舶也将超过1000艘量级。大量船舶积压在三峡大坝，安全管控难度极大，造成的社会影响及经济损失巨大。2006—2007年为期7个半月的三峡船闸完建施工期，单线运行的通航压力给三峡船闸管理者们留下了深刻的印象。

三峡船闸长期处于满负荷运行状态，对于部分长期处于水下的关键设备设施，根据设计使用工况和使用寿命，在2010年后必须逐步安排检修，替换或修补已损坏的关键设备设施以保障船闸的安全、高效运行。因此，面对日益增长的长江航运发展需要，如何尽量缩短停航检修的频次和单次停航时间，减轻船闸停航大修对通航的影响成为三峡船闸实施停航大修需思考和解决的关键问题，也是三峡船闸检修模式创新的重要目标。

2.2.2 新检修模式探索

长江航运的发展形势及三峡船闸日益增长的过闸需求，让三峡船闸的管理者们不得不去梳理总结三峡船闸停航检修不同于其他船闸检修的特点、规律，以通过技术、管理创新等手段来减少三峡船闸停航大修的频次和单次停航检修的时间。三峡船闸最大的特点为双线多级船闸，且任何一线船闸既可上行运行又可下行运行，这样就为提前谋划，科学制定三峡船闸停航大修中长期规划方案和轮换检修计划提供了可能。

三峡船闸为五级船闸，船闸设备设施众多，但5个闸室的水工建筑结构形式以及6个闸首的设备设施基本相同或者组成结构相似，因此检修工艺及流程具有很强的可复制性，通过技术创新标准化检修工艺及流程，即可在每次停航检修中进行推广应用，为通过加强施工组织缩减单次停航检修时间提供了有利条件。

通过总结三峡船闸停航检修的特点、难点，探索性地提出了“大修小修化、小修日常化、化整为零”的检修理念，并经实践运用后将其明确为三峡船闸检修的指导思想，通过不断加强管理和技术创新，研制快速检修的工装、设备、材料等，不断优化检修方式、工艺，积极探索大型船闸的快速检修机制，提高检修工作效率，尽可能地缩短停航检修时间，保障船闸长期、安全、高效运行，以满足日益增长的长江航运需求。

“大修小修化”。通过制定专项检修规程，研制快速检修工装，购买成套备件，实现快速检修。利用计划性停航检修时间，在较短的时间内完成故障大型设备整体更换或成批拆卸，然后将更换下的成套设备返厂进行工程量较大的拆检修理工作，避免了因工厂内不可控的拆检、修理工作量及时间，延长批复的计划性停航检修时间。针对影响三峡船闸运行的关键设备，如人字门启闭机油缸、地下输水阀门启闭机油缸等，均采用购置整套备件，在计划性停航检修中成套更换的检修模式。根据三峡船闸多级船闸的运行特点，利用过闸间隙时间实施水上部位设备设施的维护保养和专项检修，减少必须在停航且排干状态下实施的水下部位和关键运行设备设施检修项目。

“小修日常化”。三峡船闸每月都会安排停航保养，两线船闸每线两月一次，交替进行，每次单线停航时间约 6h。充分利用定期停航保养时机，解决在运行过程中发现的部分影响运行的设备老化与故障等问题，完成船闸部分设备设施的专项修理。另外，在遇到大流量（三峡枢纽下泄流量超 56 700m^3/s）停航等时段，择机实施船闸的检查和修理工作，尽可能减少在每次计划性停航检修中实施的检修工作量。

“化整为零”。即加强日常维修养护，在船闸运行过程中，及时发现和处理问题，充分利用船闸运行过程或过闸间隙完成故障的排查处理，在不停航状态下完成水上部位设备设施的故障修理与部分专项检修。

围绕缩短停航检修的频次和单次停航检修时间这一目标，以“大修小修化、小修日常化、化整为零”的检修理念为基础，并在三峡船闸检修工作的实际运用中逐步完善，最终形成既适用于三峡船闸检修的特点和难点，又高效的三峡船闸检修模式。

2.2.3 应用成效

2012 年 3 月三峡南线船闸检修是“大修小修化、小修日常化、化整为零”的检修理念在三峡船闸计划性停航检修的首次实际应用。三峡和葛洲坝两坝通航建筑物同步检修有利于减轻对长江的通航影响。2012 年 3 月 7 日至 4 月 30 日，葛洲坝一号船闸开展为期 55 天的计划性大修，经与交通部门协商一致，于 2012 年 3 月 7 日至 3 月 26 日，对三峡南线五级船闸进行为期 20 天的全面检修，也是三峡船闸通航近 9 年来的首次计划性停航检修，内容包括南线船闸全线输水系统、基础排水廊道、闸室底板及边墙、闸阀门及启闭机等水工建筑物、金属结构和机电设备的 10 大项检修任务。

按照“大修小修化、小修日常化、化整为零”检修指导思想及《三峡船闸运行管理手册》的要求，经过充分准备，精心组织，施工过程中采取了多项创新技术和组织管理措施，如研制船闸专用的载人升降车和快速检修工装，投入轮胎式起重机、载人升降车和电动吊篮等专项工装机械设备，对人字门顶升检修工艺、水工缺陷修补工艺、浮门沉浮作业工艺等 6 项检修作业制定标准化流程，并通过加强组织管理，组织 10 余家施工单位和设备厂商、900 余名施工人员多作业面同步开展检修作业，于 2012 年 3 月 26 日晚 19 时 30 分提前 4.5h 恢复通航、圆满完成了计划性停航检修任务，并实现了“双零”（零质量事故、零安全事故）管理目标。仅用 20 天时间完成了包括一线五个闸室六个闸首设备设施的检修任务。而同期进行的葛洲坝一座单级船闸的检修用时则多达 55 天。

三峡船闸检修模式突破了国内外大型船闸检修的传统模式，积累了大型船闸快速检修的经验。实践表明，实施“大修小修化、小修日常化、化整为零”的检修理念既可以减少计划性停航检修的频次，又可缩短船闸停航检修时间，对提高船闸通航率、保障船闸安全高效运行及缓解三峡枢纽通航压力具有重要意义。

2.3 计划性停航检修组织管理

2.3.1 计划性停航检修概况

作为处于长江干流上的大型水利枢纽通航建筑物，为最大限度地减少停航检修对长江航运的影响，三峡船闸实施的计划性停航检修项目，一般以必须在停航且排干状态下实施的水下部位和关键运行设备设施检修项目为主，因此单次检修中，多为轮换更换或成批拆卸修理影响船闸安全运行的大型设备及进行工程量较大的结构修理修补。

由于三峡船闸为双线五级连续船闸，影响船闸正常安全运行的设备设施数量多，每次计划性停航检修范围覆盖单线的5个闸室、6个闸首所有设备设施，主要检修内容包括：12扇人字门的专项检修或常规检修、12扇输水阀门的专项检修或常规检修、5个闸室和输水廊道金属结构检修、水工建筑物缺陷处理、液压系统检修、电气系统检修、闸阀门防腐检测等。单线计划性停航检修的工程量为一般单级船闸的3～5倍。

此外，三峡船闸计划性停航检修具有实施范围广、交叉作业多、安全风险大、检修质量要求高、工期紧等特点。每线船闸主体段结构长度1621m，金属结构及机电设备众多，包括24台套人字闸门及启闭机、24台套地下输水阀门及启闭机、40余套各类抽排水设备，还有众多液压、电控设备等。闸室底部距闸面高差40～50m，闸室基础排水廊道、地下输水阀门距闸面最大高差为70余米，各闸首检修排水泵房集水井底部距闸面高差100余米，出入闸室及地下输水廊道均通过竖井或狭小孔洞口，施工作业点高差大且狭窄，人员进出和机械设备、材料转运困难，相关检修作业大都属高空、立体交叉作业，安全风险管控难度大。人字门门体高度37.5～38.5m、重约800余吨，人字门顶升及回落要求高，人字门和输水阀门的专项检修均为超大型金属结构的拆装工作，拆装精度要求极高。另外，三峡船闸作为长江黄金水道的“咽喉要道”，其停航对长江航运企业的影响大，每次计划性停航检修时，行业主管部门、社会媒体、船舶公司（船东）等对检修进展情况非常关注，全部检修工作必须在批复规定时间内按期、保质保量完成。因此，在每次三峡船闸计划性停航检修实施过程中，通过高效组织管理，既提高了检修效率，又保障了检修质量及施工安全，对成功实施好每次的停航检修工作尤为重要。

2.3.2 检修组织

每次停航检修要面临巨大的通航压力及三峡船闸停航检修的难点，同时还要保证检修施工效率、检修施工质量及施工安全，在实施组织管理过程中协调统一安全、质量、进度之间的关系就显得尤为重要，实现安全、质量、进度三者的协调统一，成为成功实施好每次停航检修工作的关键所在。

为提高检修效率，缩短停航检修工期，最大限度地降低检修对通航的影响，三峡船闸的管理者们做了许多的探索与试验：组织设计、科研单位及厂家共同研制快速检修的工装、设备、材料；积极探索大型船闸的快速检修机制，不断优化、固化各检修项目的工艺流程，制定关键检修项目工艺流程表，促进检修作业标准化；大型关键运行设备的整体更换、轮换检修等，均在三峡船闸计划性停航检修的组织管理中进行了实践与应用，并在提高检修工作效率、缩短停航检修时间方面取得良好效果。

为成功实施好每次的停航检修工作，三峡船闸计划性停航检修工作非常注重停航检修前的准备，通常提前一年启动相关准备工作，如梳理检修内容、分项签订施工合同、采购检修备件、制定检修进度计划表与检修准备进度计划、维护保养检修工装与装备等，做到提前谋划、及时完成。拍摄前一次检修视频作为培训资料，并针对三峡船闸复杂的地下结构，制作闸室整体模型和动画，进行检修施工前的培训，使参与检修施工人员快速、直观地熟悉现场；对检修重点难点项目制定专项方案，并组织进行反复桌面推演，充分优化完善。检修实施过程中，坚持每日组织各参修单位召开协调例会，对照计划进度与实际检修工作开展情况，实时调整次日检修任务，对提高检修施工效率起到很好的作用。

在保障检修质量和施工安全方面，在每次计划性停航检修准备过程中，提前编制《检修技术要求手册》和《检修工作手册》。《检修技术要求手册》主要包括各检修项目技术要求和检修工序、工艺；《检修工作手册》主要包括组织管理机构、管理制度、计划工期安排、验收程序、验收标准等，作为检修施工的指导性文件，尽力做到检修各项工作有章可依、有法可循，促使检修施工有序、高效进行，通过各项检修工作的标准化促进检修质量高标准；在检修实施过程中，严格组建安全管理网，根据计划性停航检修特征，针对性地编制检修安全管理规定，分层分块落实安全管理责任，提高安全管理有效性。建立联合巡查制度，分别组建质量和安全联合巡查小组，监督质量和安全管理规定落到实处，及时排除安全隐患与施工质量偏差，进一步加强质量和安全管理的事中监管。最后通过严格执行《检修工作手册》中的验收程序、验收标准实施各项检修项目的验收工作，确保各项检修工作保质保量地完成。

2.3.3 实施成效

根据“大修小修化、小修日常化”的检修指导思想要求，提前谋划，精心组织，自三峡船闸2007年完建以来，三峡船闸共计成功实施了5次计划性停航检修，其中三峡南线船闸2012年、2015年、2018年实施了计划性停航检修，三峡北线船闸2013年、2017年实施了计划性停航检修。三峡船闸历次计划性停航检修实施情况见表2-1。

表2-1 三峡船闸历次计划性停航检修实施情况

计划性停航检修情况	三峡南线船闸			三峡北线船闸	
	2012年	2015年	2018年	2013年	2017年
主要检修内容	2扇人字门、整线船闸水工结构、液压电气系统缺陷处理等	4扇人字门、整线船闸水工结构、液压电气系统缺陷处理等	6扇人字门、8扇反弧门、整线船闸水工结构、液压电气系统缺陷处理等	2扇人字门、整线船闸水工结构、液压电气系统缺陷处理等	8扇人字门、4扇反弧门、整线船闸水工结构、液压电气系统缺陷处理等
计划工期	20天	20天	33天	20天	40天
实际工期	20天	20天	31天	20天	37天
施工安全、质量情况	实现“双零”目标	实现“双零”目标	实现“双零”目标	实现“双零”目标	实现“双零”目标

通过计划性停航检修组织管理与检修技术的创新，每次计划性停航检修均在计划工期内，安全、优质、高效地完成了检修任务，并实现了“双零”（零质量事故、零安全事故）管理目标。对比国内同等规模单级船闸的检修情况，三峡船闸计划性停航检修在大幅缩短检修停航时间的前提下，保障了船闸设备设施性能得到及时的修复与完善，保障了三峡船闸主要运行设备设施常年处于良好的工况运行条件下，使得三峡船闸运行管理长期位居国内外内河船闸管理领先水平，其中计划性停航检修的组织管理工作同样发挥了不可或缺的作用。

第3章　设备设施运行技术创新

3.1 船闸下行一闸室待闸研究

3.1.1　一闸室船舶待闸研究的背景

根据不同蓄水期，三峡工程分为围堰发电期、初期运行期和正常运行期。在围堰发电期135～139m水位条件下，船闸采用四级补水运行方式，一闸室敞开成为进闸通道。

三峡水库蓄水由139m升高到156m后，船闸上游运行水位保持在144～152.4m时，船闸采取四级运行方式；船闸上游运行水位保持在152.4～156m时，按设计规范要求应采取五级补水运行方式，但在完建期，一闸首人字门未投入运行，为提高过闸效率，船闸仍采取四级运行方式，一闸室敞开成为进闸通道。下行船舶在上游靠船墩待闸，距二闸室超过1000m，进闸距离远、时间长。如果能够将船舶下行待闸地点移进一闸室，就会有效地缩短船舶进闸时间，从而达到提高通航效率的目的。

但在四级补水运行或四级运行方式下，敞开的一闸室是船闸输水的取水区之一。由于三闸室补水及二闸室充水的水体部分取自狭长浅薄且一端封闭的一闸室，导致该闸室水体波动和纵向流速较大，不满足船舶的停泊条件。

3.1.2　船闸135～139m水位条件下一闸室待闸研究

在四级补水运行方式下，要实现船舶在一闸室停泊待闸，就必须解决两个问题：其一，一闸室的水力学特性应满足船舶的停泊条件，确保安全；其二，应提供与之相适应的新的船舶调度工艺，确保快捷。要改善一闸室水力学特性以满足停泊条件，可以采取工程措施，比如封堵一闸室底板上96个输水孔，使其不成为取水区，也可以调整二、三闸首输水阀门的运行参数，将水力学特性控制在停泊条件的要求之内，经分析，后者优于前者。

对于船闸135～139m水位条件下一闸室待闸问题，应主要分析研究一闸室和上游引航道水面波动特性，一闸首口门区及一闸室纵向流速特性，二、三闸首输水水力特性，一线二闸首充水及补水对另一线一闸室水力特性的影响等。为了检验三闸室充水时船舶进入一闸室的航行条件和二、三闸室充水时船舶在一闸室的停泊条件，制定了一闸室待闸船舶调度和排档方式，以确保船舶和船闸的运行安全。

1. 试验内容

实船试验检验了实际运行时可能发生的各种工况下，一闸室待闸船舶的受力及航行条件。试验内容包括闸室充水工况下，不同船型（船队、单船）在一闸室不同部位停泊时的系缆力及相关水力特征值监测；闸室船舶向三闸室移位过程中，不同船型（船队、单船）在一闸室不同部位停泊时的系缆力及相关水力特征值监测；一闸室充水时船舶进入二闸室的航行条件检验；北线二闸首阀门充水或补水对南线一闸室船舶待闸的影响研究；北线二闸首阀门充水或补水对南线船舶进入一闸室航行条件的影响研究。

实船试验选择了该时期过往三峡河段的几种典型船舶及船队，共 83 艘次。主要类型有自航单船（载重 1500t 左右）、中型船队（载重 3000t 左右）、大型船队（载重 5000t 左右）三类，试验的代表船型及有关数据详见表 3-1。试验包括船舶系缆力、一闸室及浮式导航墙水体波动特性、一闸首缩窄断面及船舷处流速特性、船舶航行条件等试验测试。测点布置见图 3-1。

表 3-1　试验的代表船型及有关数据

组次	类型	船名	货种	定额 /t	实载 /t	驳数	队形	尺度 /m		
								长	宽	吃水
1	自航单船	民文	集装箱	1300	1300			88	15	2.4
2		渝集 11	集装箱	1500	1500			90	15	2.5
3		中华 978	煤	1700	1700			86	15	2.6
4	中型船队	宜拖 802	矿石	3000	3000	2	左梭	115	27	2.6
5		渝申 501	煤	2290	2290	2	左梭	125	23	2.6
6		港为 1 号	煤	3150	3150	2	右梭	150	26	2.6
7	大型船队	航宇 501	煤	4000	4000	5	品形	110	27	2.0
8		长江 02009	煤	5000	5000	4	左梭	195	24	2.6

2. 运行参数优化

1）停泊条件的设计要求

船舶停泊条件的主要因素是水体波动特性、流速特性及船舶系缆力。根据船闸设计规范规定：Ⅰ～Ⅳ及船闸的引航道口门区水面最大纵向流速不大于 2m/s，横向流速不大于 0.3m/s，回流流速不大于 0.4m/s；上游引航道内最大纵向流速不大于 0.5～0.8m/s，下游纵向流速不大于 0.8～1m/s；引航道内停泊段最大纵向流速不大于 0.5m/s，横向不大于 0.15m/s；3000 吨级船舶在闸室内停泊的允许系缆力、纵向水平分力为 46kN，横向水平分力为 26kN。三峡船闸设计选取的允许系缆力，纵向为 50kN，横向为 30kN；浮式系船柱设计选取的纵向受力不大于 80kN，横向不大于 50kN。

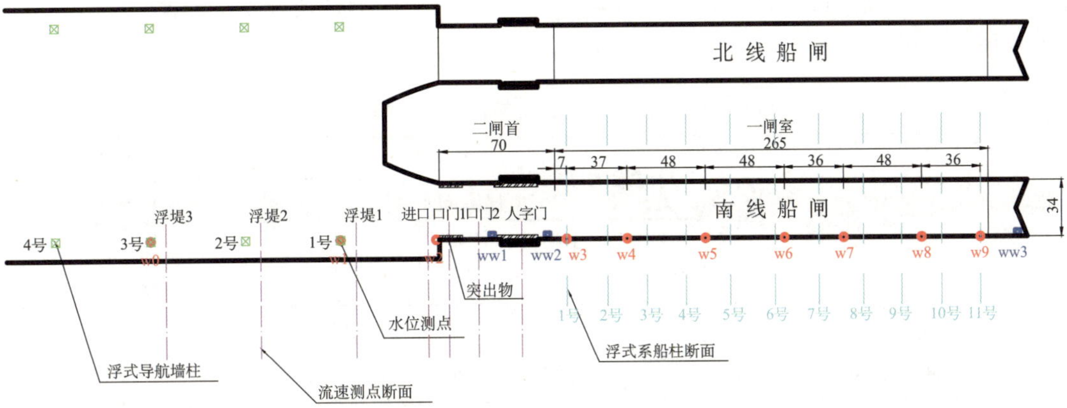

图 3-1　测点布置（单位：m）

2）优化输水阀门的运行参数

为了改善一闸室水力学特性，满足停泊条件，在试验中，对二、三闸首输水阀的运行参数进行了多次调整与测试。经比较分析，通过调整二闸首输水阀运行条件，能达到最佳效果，它是改善一闸室水力学特性的关键因素。

试验结果表明，在二闸首阀门开启方式为 t_v①=6min 开启至 n=0.6 开度停机输水，动水关阀水头 0.6m 的操作方式下，二闸室充水时，一闸室平均纵向水面比降由原操作方式（二闸室阀门开启方式为 t_v=2min 开启至 n=0.6 开度停机输水，动水关阀水头 1m）的 0.1%～0.15% 降至 0.035%～0.05%，一闸室最大水面波幅由 0.98m 降至 0.46m，一闸首缩窄断面及一闸室 1 号系船柱最大纵向流速由 1.46m/s 和 1.2m/s 分别降至 0.82m/s 和 0.65m/s，输水时间变化不大。此外，在三闸室充水工况下（二闸首阀门补水，阀门以 t_v=2min 开启至 n=0.5 开度停机，补水量满足要求后动水关阀），一闸室最大水面波幅为 0.66m，平均纵向水面比降为 0.075%～0.1%，一闸首缩窄断面及 1 号系船柱最大流速分别为 0.86m/s 和 0.69m/s。根据水面流态、一闸室纵向水面比降、一闸首口门区及一闸室 1 号系船柱纵向流速等数据综合分析，调整阀门开启方式后在三闸室及二闸室充水工况下，一闸室的水流条件可以满足船舶待闸的要求。最终确定的二闸首输水阀运行参数见表 3-2。

表 3-2　二闸首输水阀运行参数

情况	开阀历时 /min	开度	动水关阀水头 /m	关阀历时 /min	动水关阀停机开度
调整前	2	0.6	1	4	0.3
调整后	6	0.6	0.6	4	0.3

3）测试分析

试验选择了船闸进闸航行与靠泊、二闸室充水、三闸室充水（补水）、船舶由二闸室向三闸室移泊等工况，并对典型分类船舶（队）进行了停泊条件测试。在二闸室充水、三闸室

① t_v表示闸门由全关至全开所需时间。

充水（补水）、船舶由二闸室向三闸室移泊运行工况的实船测试情况下，一闸室水位波动特征值及船舶系缆力见表 3-3。

表 3-3　一闸室水位波动特征值及船舶系缆力

运行方式	船型	船名	总重 /t	1 闸室最大波幅 /m		最大纵向比降 /%	最大流速 /$m \cdot s^{-1}$		系缆力峰值超过 60kN 次数	
				1 号系船柱	11 号系船柱		缩窄断面	船舷	船首	船尾
二闸室充水	单机驳船	民文	2600	0.28	≤ 0.20		0.83	—	0	0
		民风	2100		0.40	0.05	0.95	—	0	1
	中型船队	宜港拖 802	3800	0.40	0.60	0.03	0.86	0.53（3 号）	0	0
		长江 2811	4150	0.50	0.60	0.05	0.88	0.35（6 号）	0	5
	大型船队	长江 02009	7440	0.27	0.48	0.09	0.91	0.33（3 号）	4	2
三闸室充水	单机驳船	祥皓 2 号	2800	0.21	0.54	0.06	0.77 ～ −0.32	0.33（3 号）	1	
	中型船队	渝中 1501	3940	0.43	0.76	0.10	0.82 ～ −0.48	0.48 ～ −0.10（3 号）	2	0
		港为 1 号	4800	0.32	0.73	0.09	0.81 ～ −0.47	0.48 ～ −0.43（3 号）	2	—
	大型船队	长江 02009	7440	0.43	0.85	0.11	0.82 ～ −0.50	0.49 ～ −0.15（3 号）	2	—
二闸室向三闸室移泊	单机驳船	祥皓 2 号	2800	0.25	0.42	0.03	0.30 ～ −0.30	—	5	7
	中型船队	港为 1 号	4800	0.31	0.51	0.05	—	—	6	9
	大型船队	长江 02009	7440	0.50	0.87	0.09	0.48 ～ −0.53	0.36 ～ −0.36（3 号）	7	5

实船测试成果表明，船舶（队）纵向系缆力除排水量达 7000t 左右的大型船队超过 50kN 设计标准外，其他船舶（队）均符合设计要求；如果船舶缆绳系缚较紧时，系缆力脉冲峰值会明显减弱。因此可以认为，优化输水参数后的一闸室水力学特性满足除大型船队外其他船舶在一闸室待闸的设计要求，具备在一闸室停泊待闸的条件。

3. 北线充水对南线船闸运行的影响

三峡船闸采用双线连续五级的布置型式，正向取水。由于南线船闸与北线船闸相距较近，中隔墩边墙相距仅 60m，同时两线共用上游引航道进水口，由此导致一线船闸充水或补水运行时在一闸室产生的波动都将迅速对另一线船闸产生影响。此外，还受到往复于上游引航道及闸室的小波幅、长周期波的调制作用，其波动叠加影响较为复杂。

1）北线三闸室充水对南线的影响

测试结果表明，对于北线先于南线运行的不同时段，以南北两线三闸首阀门同时补水运行时南线一闸室水位波动最小，而北线补水 10min 左右后南线再补水时波动最大，其变化规律与分析一致，北线补水运行 20min 左右对南线基本没有影响。分析发现，在北线补水 10min 后，南线开始补水，北线的大波动已经传播到南线，导致南线在补水初期就形成了较大的波动，其波幅达 0.96m，此后，南线补水阀门关闭时又在一闸室产生较大的波动，导致整个补水过程一闸室水位波动较大，对一闸室待闸船舶的影响也增大。

北线船闸三闸室充水先于南线二闸室充水的不同时段，一闸室水位波动的影响分析结果表明：在北线补水先运行 20min 左右情况下，北线运行对南线的影响较小，南线充水时一闸室水位波动不大，最大波幅约在 0.5m 左右；在北线补水先运行 10min 左右情况下，南线二闸室充水，受北线大波动的影响，在充水初期，一闸室就形成较大的波动，最大波幅达 0.9m，由于此阶段二闸室取自一闸室的水体也较大，一闸室纵向比降增大，对一闸室待闸船舶影响较大。在南北两线二闸首阀门同时运行时，北线对南线的影响反映在南线充水末期，虽然导致南线一闸室水位波动增大，但由于此时南线充水流量减小，一闸室纵向比降不大，从而对一闸室待闸船舶影响也较小。

2）北线二闸室充水对南线的影响

北线二闸室充水对南线补水和充水工况运行的影响分析结果表明，北线充水有利于抑制一闸室的水位波动，各种工况下一闸室的水位波幅比北线充水运行 20min（上行船舶出闸）的情况下略低。其原因可归结于二闸室充水工况下，一闸室始终为正向流动（顺流），北线充水时，在南线一闸室口门区形成向北线的流动，对南线的波动起到一定程度的抵消作用。

4. 调度工艺

在原有的调度运行管理模式中，船闸调度与船闸排档有较为明确的职责和分工。调度员根据调度作业计划，将当前闸次的船舶从锚泊地调至三峡船闸上靠船墩，即完成一个调度程序；然后，根据调度作业计划和船闸运行状况，进行下一闸次船舶的调度组织。上靠船墩作为船舶下行进闸的临时待闸地点，其容量有限，只能停靠一闸次的船舶，不可能也不允许过多的船舶在靠船墩长时间停泊。船舶从上靠船墩按指定系泊位置进入闸室内的指挥由船闸集控室负责。在一闸室待闸实船试验过程中，与原有方式相比，调度方式有较大的变化和不同。因此有必要根据试验结果制定调度工艺以确保船舶安全。

1）一闸室待闸调度方式特点与工艺

一闸室船舶待闸调度基本特点是：分批调度船舶、静水进闸系缆、动水停泊待闸。

工艺流程为：根据船舶过坝调度作业计划及船闸运行状态，调度值班室组织当前闸次和后续闸次部分船舶，并指令船舶过坝登记站通知船舶发航，过坝船舶航行至上靠船墩集结待令；当前闸次向二闸室移泊时，后续闸次的首船尾随当前闸次进入一闸室停泊待闸；利用船舶由二闸室向三闸室移泊的间隙，及时调度后续闸次的第二批船舶进入一闸室停泊待闸；二闸室充水至开启二闸首人字门时，提前调度在上靠船墩停泊待令的后续闸次其他船舶，尾随一闸室停泊待闸的船舶直接进入二闸室。

2）原调度方式和一闸室船舶待闸调度方式的区别

（1）调度员在组织当前闸次船舶时，由原来的一次性将当前闸次船舶调至上靠船墩，变为分批次连续地将当前闸次船舶调至上靠船墩。

（2）调度员原来在调度组织船舶时，根据调度作业计划和船闸运行状况，以考虑当前闸次为主；而现在必须同时考虑当前闸次和后续闸次，并充分考虑相邻闸次的衔接。

（3）调度员在调度组织安排一闸室待闸船舶时，应同时考虑其进入二闸室的排档问题，因此，调度员必须加强与船闸集控人员的工作衔接和船舶信息的及时沟通。

3）船闸排档

进闸船舶的调度工作从靠船墩分界，船舶从靠船墩进入三峡船闸闸室及停泊的调度由船闸集控人员完成。根据一闸室待闸实船试验领导小组的安排，船闸运行组完成了所有组次试验的排档工作，并进行了南、北两线船闸错开输水及同时输水等工况的试验。进行了六组综合试验后，确定了一闸室船舶待闸的排档方式。

（1）待闸船舶为船队及单船的排档方式：当前闸次船舶向二闸室进闸时，安排两艘待闸单船或一个待闸船队尾随当前闸次船舶进闸，至一闸室待闸，见图 3-2。

(a) 大型单船

(b) 船队

图 3-2　大型单船在一闸室待闸和船队在一闸室待闸

（2）待闸船舶均为单船的排档方式：当前闸次船舶向二闸室进闸时，安排 2 艘单船尾随当前闸次船舶进闸，至一闸室待闸，见图 3-3（a）；当前闸次船舶由二闸室向三闸室移泊时，再安排 2 艘单船至一闸室待闸，此时一闸室先期待闸船舶为 2 批共 4 艘单船，见图 3-3（b）。

4）安全规定

通过调整运行参数，船舶进闸航行和待闸停泊的水流条件得到了较明显的改善，但在二闸室充水及三闸室补水过程中，一闸室及引航道仍存在一定的水流波动和流速，为确保一闸室待闸船舶及船闸设备的安全，一闸室待闸船舶（队）应遵守如下规定：

（1）一闸室停泊待闸船舶（队）的总长度原则上应控制在 170m 左右，单船数量不超过 4 艘。

（2）考虑到二闸首防撞警示装置降至下限位后，距离通航水位仍有 6m 以上净空高度，不能起到防止和减缓船舶撞击设备的作用，一闸室停泊待闸船队的船首不得超过 9 号浮式系船柱，单船不得超过 10 号浮式系船柱。

（a）2 艘单船　　（b）4 艘单船

图 3–3　第一批 2 艘单船在一闸室待闸和两批共 4 艘单船在一闸室待闸

（3）一闸室停泊待闸船舶应始终保持备车状态，驾驶室必须留人值守，密切关注一闸室流态变化和缆绳的受力情况，必要时采取车舵应对措施。

（4）在一闸室内停泊系缆时，船队应分别从艏部、舯部、艉部出 3 组缆绳，各走 3 道。艏部为首导缆，克服前移；舯部出对口缆（横缆），克服横移，不宜太紧，出缆方向尽量与闸墙垂直；艉部出缆克服后移，大型船队缆绳直径应在 24mm 以上。单船可以只出艏缆和艉缆，各走 3 道，以短缆系结。

（5）船队在一闸室内系缆时，应从船队几何尺寸长的一侧出缆，禁止从几何尺寸短的一侧出缆。

3.1.3　船闸 144～156m 水位条件下一闸室待闸研究

三峡水库蓄水由 139m 升高到 156m 后，船闸上游运行水位保持在 144～156m。三峡船闸运行方式由四级补水运行转为四级运行。在四级运行方式下，仅二闸室充水时，需自上游引航道及一闸室取水。这样，影响一闸室船舶待闸停泊条件的因素只有二闸室充水这一种情况。三峡船闸上游水位升高后，二闸首阀门的运行水头、一闸室的淹没水深也相应增加，二闸首如果仍维持原来 139m 时的输水方式和参数（开二闸首阀门至 60% 开度，0.6m 动水关二闸首阀门至 30% 开度，水平时开二闸首人字门，人字门开终锁定后，关二闸首阀门至关终位），即使一闸室水力学条件满足一闸室船舶待闸的需要，二闸室充水时间也将延长 5～8min（144～156m 水位），必将影响过闸效率。因此，需要通过试验确定合理的二闸首输水方式，以缩短二闸首输水时间，同时确保一闸室的水力学条件满足船舶待闸的条件，进一步提高通航效率。

1. 试验内容

在一闸室船舶待闸实船试验过程中，根据三峡船闸上游水位的变化及一闸首叠梁门的落放情况，主要试验了两种不同的二闸首输水方式：一是阀门连续开启输水方式，即阀门连续开至设定开度停机；二是阀门间歇开启输水方式，即阀门开至中间开度后暂停一段时间，再开启至设定开度停机。这两种输水方式能满足特定库水位和叠梁组合条件下，缩短二闸首输水时间及一闸室船舶待闸的需要。一闸室待闸水流条件典型试验组次见表 3-4，实船试验组次见表 3-5。

145m 水位分别安排了单船（载重 1200～3500t）、中型船队（载重 3500t 左右）、大型船队（载重 5000t 以上、总长 200m 左右）等代表船型进行试验。船舶在闸室内的停泊条件以系缆力的大小来表示，在三峡船闸设计中，选取的大型船队（万吨船队）允许系缆力为：纵向系缆力不大于 50kN，横向系缆力不大于 30kN。

表 3-4　一闸室待闸水流条件试验组次

工况	上游水位 /m	水头 / m	阀门开启方式	流速测点断面	备注
1	153.42	21.45	正常开启至全开—3m 水头动水关阀	人字门，1、2 号系船柱	放置 2 节叠梁门
2	153.41	21.77	正常开启至 70%—0.7m 水头动水关阀	人字门，1、2 号系船柱	放置 2 节叠梁门
3	153.55	21.63	正常开启至 70%—0.7m 水头动水关阀		放置 2 节叠梁门
4	153.52	21.77	正常开启至 70%—0.7m 水头动水关阀	叠梁门、人字门	放置 2 节叠梁门
5	153.60	21.80	正常开启至 70%—0.7m 水头动水关阀	叠梁门、人字门	放置 2 节叠梁门
6	153.62	21.77	正常开启至 70%—0.7m 水头动水关阀	人字门、1 号系船柱	放置 2 节叠梁门
7	154.55	22.04	正常开启至 70%—0.7m 水头动水关阀	叠梁门、人字门	放置 3 节叠梁门
8	154.55	22.02	正常开启至 70%—0.7m 水头动水关阀	1、2 号系船柱	放置 3 节叠梁门
9	154.91	22.19	正常开启至 70%—0.7m 水头动水关阀		放置 3 节叠梁门
10	154.92	22.16	正常开启至 70%—0.7m 水头动水关阀		放置 3 节叠梁门
11	154.86	22.03	正常开启至 70%—0.62m 水头动水关阀	叠梁门、人字门	放置 3 节叠梁门
12	154.83	22.16	正常开启至 60%—0.62m 水头动水关阀	叠梁门、人字门	放置 4 节叠梁门
13	154.77	22.02	正常开启至 50%—停 4min—开至 80%—0.6m 水头动水关阀	叠梁门、人字门	放置 4 节叠梁门
14	154.83	22.05	正常开启至 70%—0.7m 水头动水关阀		放置 4 节叠梁门
15	154.84	22.00	正常开启至 70%—0.7m 水头动水关阀		放置 4 节叠梁门
16	154.92	22.18	正常开启至 50%—停 4min—全开—1.6m 水头动水关阀	叠梁门、人字门	放置 4 节叠梁门
17	154.93	22.15	正常开启至 50%—停 4min—全开—1.6m 水头动水关阀	停靠线、1 号系船柱	放置 4 节叠梁门
18	155.01	22.20	正常开启至 50%—停 4min—全开—1.6m 水头动水关阀	2、3 号系船柱	放置 4 节叠梁门

续表

工况	上游水位 /m	水头 / m	阀门开启方式	流速测点断面	备注
19	155.01	22.16	正常开启至 50%—停 4min—全开—1.6m 水头动水关阀	1、2 号系船柱	放置 4 节叠梁门
20	155.02	22.16	正常开启至 50%—停 4min—全开—1.6m 水头动水关阀	3、4 号系船柱	放置 4 节叠梁门
21	155.20	22.13	正常开启至 50%—停 4min—全开—1.6m 水头动水关阀		放置 4 节叠梁门

表 3-5　实船试验组次

组次	船名	船型	平面尺寸 / m×m	载重 /t	后缆和前缆位置	试验内容
1	红发 898	单机驳船	70×13	1250	4、6 号系船柱	二闸室充水工况下，不同尺寸、载重的单机驳船分别停靠在一闸室不同位置（中部闸室、前半闸室、后半闸室），一闸室待闸船舶停泊条件
2	长泓	单机驳船	120×18	3500	7、10 号系船柱	
3	帝豪 988	集装箱船	110×17	2800	2、5 号系船柱	
4	长江 02009	船队	125×27	—	6、8 号系船柱	二闸室充水工况下，中型船队在一闸室待闸停泊条件
5	长江 02009	船队	198×27	6000	3、8 号系船柱	二闸室充水工况下，大型船队在一闸室待闸停泊条件
6	通发 178	单机驳船	47×10	1000	1、2 号系船柱	放入 3 节叠梁门后，二闸室充水工况下，单机驳船在一闸室待闸停泊条件
7	长江 2010	船队	198×27	7100	1、6 号系船柱	放入 3 节叠梁门后，二闸室充水工况下，中型船队在一闸室待闸停泊条件
8	长宏 98	单机驳船	68×11	2000	浮式导航墙	二闸室充水工况下，单机驳船在浮堤处停泊条件
9	长江 02031	船队	198×27	5000	1、6 号系船柱	放入 4 节叠梁门后，二闸室充水工况下，大型船队在一闸室待闸停泊条件
10	宜石供 3	小单船	38×8	233	1、2 号系船柱	放入 4 节叠梁门后，二闸室充水工况下，小型船在一闸室待闸停泊条件
11	鑫溢	单机驳船	53×11	600	1、2 号系船柱	放入 4 节叠梁门后，二闸室充水工况下，单船在一闸室待闸停泊条件

续表

组次	船名	船型	平面尺寸 / m × m	载重 /t	后缆和前缆位置	试验内容
12	中外运 16	集装箱船	85 × 13.8	—	1、3 号系船柱	放入 4 节叠梁门后，二闸室充水工况下，大单船在一闸室待闸停泊条件

2. 一闸室待闸水流条件分析试验

1）一闸室待闸水流条件

145m 水位下，一闸首底槛高程为 131m，未放入叠梁门。二闸室充水时，由于在上游引航道及一闸室内均有取水口，因此，二闸室水面上升所需水体取自浮式导航墙外的上游水域及一闸室的水域，由于上游水域水面辽阔，因此取水时取水处上游水面可认为是不变的，而一闸室水域由于受一闸室两侧闸墙及关闭的二闸首人字门的约束，取水时一闸室水面将下降，其取走的水体将由一闸首口门断面进水补充，从而形成一闸室内的纵向水流及水面往复波动。与 139m 水位波动特性相近，145m 水位下水体波动主要由两大类波动组成：一是由二闸室充水时部分水体取自一闸室所产生的一闸室整体水面的下降所产生的波动，其周期及波幅决定于二闸首阀门的运行方式；二是由一闸首口门断面非恒定进水流量所产生的波动，它往复于上游引航道及闸室，其波幅及周期取决于一闸首口门的进水流量及水深。调整二闸首阀门运行方式是降低一闸室水体波动的关键所在，即控制二闸首充水最大流量和流量增率。

上述不同阀门运行方式下典型试验结果见表 3-6。由表可见，后两组试验因水深较前两组增加了 1m 多，波速也随之增大，因此二闸室充水时一闸室最大波幅有较明显减小。 再结合水位波动图，表中第一组试验上游水位较低时一闸室水位波动在二闸室充水整个过程中均比较明显；而后两组试验的水位波动在二闸首充水阀门开启过程中受充水流量增大的影响，前述的第一类波动较大，但阀门开到位后因流量减小，水深较大，闸室波动减弱，水面较平稳。

表 3-6　不同阀门运行方式下典型试验结果

开度	上游水位 /m	水头 /m	系船柱最大流速 /m · s^{-1}			最大流量 / m^3 · s^{-1}	最大波幅 /m	输水时间 /min	水面比降 /%
			1 号	2 号	3 号				
60%	143.26	17.02	0.53	—	0.35	350	0.30	16.00	0.39
70%	143.72	17.28	0.64	0.48	—	380	0.35	14.78	0.34
70%	144.75	19.65	0.52	0.38	—	400	0.15	15.10	0.27
80%	144.83	19.68	0.57	—	—	430	0.15	14.50	0.23

通过对 60%、70%、80% 三种停机开度进行研究，根据水面流态 、一闸室纵向水面比降、一闸首口门区及一闸室 1～3 号系船柱纵向流速等资料的综合分析，最终选取 145m 水位下一闸室待闸的阀门开启方式为：阀门局部开启，以 t_v=6min 开至 70%，停机输水，剩余水头 0.7m 关阀至 30%。

2）试验分析

测试结果表明，在目前进行的几种船型及不同待闸位置，整个充水过程中船舶系缆力最大值小于 40kN。船舶停靠在一闸首口门附近船舷边流速相对较大，但最大值小于 0.6m/s，尽管个别船舶测试缆绳没有完全系紧，在闸室水流作用下发生一定漂移，实测的最大纵向和横向位移都有 1m 左右，但船舶的运动惯性并未导致实测系缆力的显著增加。与 139m 水位实船试验成果相比，145m 水位下一闸室待闸船舶系缆力明显较小，船舶待闸更为安全。与 139m 工况相比，其主要差异在于水位的升高，导致波速增加、波高降低，纵向比降减小，一闸室水流条件较好，船舶受力也较小。此外还有一个重要原因是，目前 145m 水位没有补水工况，而在 139m 水位时存在补水运行方式，在补水结束，二闸首阀门动水关闭时，将使一闸室水面波动及水面比降显著增大，并产生反向流速，这种波动衰减较慢。因此一闸室待闸船舶系缆力较大，且冲击型特征可延续至船舶由二闸室向三闸室移泊的过程。

3. 运行参数优化

在水位蓄至 153m 以上时，为保证船闸安全运行，一闸首口门需放置 4 节叠梁门，每节叠梁门高度为 3.8m。当一闸首叠梁门放下后，由于减少了一闸首进水断面面积，从而增强了纵向水流，并增大了叠梁门前后的水位差，形成了薄壁堰顶水流，还使一闸首口门处波浪反射特征有所改变，从而影响了一闸室水面波动规律。同时，纵向水流增强后受进口形式不对称及叠梁门和两个检修门槽的影响，纵向水流的流态也逐步变差，流速分布不均，主流变化并伴随洄流、漩涡、漩流等不良流态，同时在纵向水流到达静水的区域受堰后水面降落影响而形成振荡的水面波纹。进口形式对流态影响较大的为左侧水下直角边缘，它使来流受锐角顶迫而分离，加之门槽的折流影响，形成明显的水流分离区，右侧进口较为平顺，分离区较小。为观察比较叠梁门放下后的影响，进行了放置 2 节叠梁门、3 节叠梁门和 4 节叠梁门以及二闸首充水阀门运行方式优化试验。

1）2 节叠梁门试验

北线船闸一闸首放入 2 节叠梁门后，此处过水断面底高程由原来的 131m 提高到 138.6m，过水断面面积减小了 258m^2。叠梁门上方断面流速将相应增大。因此试验针对二闸首不同阀门运行方式下，以 t_v=6min 或 t_v=4min 开启至 70% 开度，0.7m 水头时动水关阀，主要测量了二闸室充水时一闸室水位波动情况及叠梁门、人字门和 1 号系船柱处的断面流速等。

经过 2 组试验分析比较，水位波动均在阀门开启过程中变化明显，开到 70% 停机后波动减弱，水面较平稳。t_v=4min 工况与 t_v=6min 工况相比，输水时间缩短 0.75min，最大波幅增大 0.05m，1 号系船柱流速略有增大，叠梁门处最大流速基本不变，但闸室纵向比降增大了 1 倍。由上述可见，由于此时叠梁门顶水深仍有 15m 左右，水深较大（大于 145m 水位未放置叠梁门情况），纵向水流较弱，因此一闸室水流情况仍较平稳，前述各种不良流态弱不可见。

2）3 节叠梁门试验

北线船闸一闸首放入 3 节叠梁门后，此处过水断面底高程进一步增大为 142.4m。为了测试一闸室水流条件是否满足待闸要求，首先测量了二闸室充水时一闸室水位波动情况及 叠梁门、人字门、1 号系船柱和 2 号系船柱处的断面流速。

试验工况一闸室水位为 154.55m，二闸首阀门初始工作水头约 22.04m，二闸首阀门开启仍然采用 145m 水位的运行方式，即以 t_v=6min 开启至 70% 开度，0.7m 水头时动水关阀，输水时间为 15.6min。经测试分析，与 2 节叠梁门相比变化不大，但阀门开至 70% 停机以后水面紊动较为明显。最大流速分别为 0.74m/s、0.94m/s、0.7m/s 和 0.5m/s，叠梁门及人字门处水流产生较多漩涡，流速波动较大，同时最大流速增大较多，相同阀门运行方式下，叠梁门和人字门处的流速比 2 节叠梁门时增大了 0.14m/s 和 0.31m/s。一闸室最大瞬时水面比降约为 0.16%。

经综合分析比较，放入 3 节叠梁门后，由于叠梁门顶水深仍有 12m 以上，水深仍较大，纵向水流还较弱，一闸室水流情况较好，前述不良流态虽有所显现，但强度较弱，在 1 号至 2 号浮式系船柱间水面紊动稍强，紊动区前缘在 2 号系船柱附近，不会影响一闸室船舶停泊待闸。

3）4 节叠梁门试验

放入 4 节叠梁门后，一闸首过水断面底高程增大为 146.2m，目前试验条件下上游水位 155m 左右，叠梁门处水深约为 8.8m，减小较多，同时二闸室充水水头也增大至 22.1m 左右，纵向水流较强，上游水流进入一闸室后，在叠梁门处有较大跌落，将会对水流流态产生影响，同时一闸首附近断面流速也会相应变化，前述各种不良流态均有显著表现。试验首先针对二闸首阀门不同开启方式，着重测量了一闸室典型断面及一闸首附近的流速、一闸室水位波动及二闸室充水水力特性。根据试验成果确定放入 4 节叠梁门后二闸首的阀门开启方式，并在此条件下进行实船试验，进一步测量一闸室待闸船舶的系缆力。

二闸首阀门主要采用了以下三种运行方式：一是与 145m 水位相同，局部开启，以 t_v=6min 的速度开至 70%，0.7m 水头动水关阀；二是局部开启，减小停机开度，以 t_v=6min 的速度开至 60%，0.65m 水头动水关阀；三是间歇开启，以 t_v=6min 的速度开至 50%，停 4min 后以相同的速度继续开至 100%，1.8m 水头动水关阀。4 节叠梁门典型工况试验成果见表 3-7。

表 3–7　4 节叠梁门典型工况试验成果

阀门运行方式	最大波幅 /m	最大流速 /m · s^{-1}						最大坡降 /%	输水时间 /min	最大流量 /m^3 · s^{-1}
		叠梁门	人字门	1 号柱	2 号柱	3 号柱	4 号柱			
1	0.08	1.08	—	—	—	—	—	0.193	15.67	450
2	0.10	0.69	1.30	—	—	—	—	0.119	17.70	390
3	0.13	0.86	1.30	1.15	0.85	0.49	0.60	0.122	15.63	370
4	0.10	—	—	—	—	—	—	0.226	—	350

注：最后一组为一闸室满闸的情况。

（1）局部开启，阀门开启开度为 70%。

此时实测的最大流速 v=1.08m/s（叠梁门处），纵向水流明显增强，前述不良流态均有较强表现，水流紊动区前沿延伸至 4 号系船柱。

（2）局部开启，减小阀门开启开度至 60% 。

目的是通过减小阀门开度以减小输水流量，从而达到减弱纵向水流改善一闸室水流流态的目的。实测资料表明，采用此措施可将最大流量由阀门开度 70% 的 450m^3/s 减小至 390m^3/s，一闸室最大水面比降减小为 0.119%。通过观测流态发现，采用此运行方式后一闸室内的各种不良流态确有所减弱，但由于流量减少不多，尚难达到满意结果。

（3）采用阀门间歇开启方式。

阀门采用间歇开启后，虽然流态大体与前两种开启方式（阀门一次连续开启至70%及60%）相同，但强度大大减弱，提高了船舶在一闸室全闸室待闸的安全性。从实测闸室水面波动资料分析，由于闸室水深大、波速快、波高较小，间歇开启的二次波动叠加的不利影响也大大减少。实测资料也表明，闸室纵向水面坡降较小，可以满足一闸室待闸条件。

综上所述，最终确定的二闸首阀门运行参数为：双（单）边局部开启方式，t_v为6min，开度70%，动水关阀水头0.75m；双（单）边间歇开启方式，t_v为6min，开度50%（70%），暂停4min（3min），再开至100%，动水关阀水头1.8m（1m）。

4. 调度工艺

1）调度工艺流程

（1）计划编制。

根据实验要求综合考虑各种典型船舶（队）在一闸室不同待闸位置系缆力的影响，船舶调度计划的编制要遵循以下要求：计划编制闸次时间间隔90min；一闸室待闸船舶的总长度控制在266m之内，总宽度控制在32.8m之内；考虑到船舶的安全，大型船队和干舷较高船舶安排在闸室前部，并靠船舶计划安排干舷高度应基本相同；一级易燃易爆危险品运输船舶不安排在一闸室待闸，其计划编制闸次时间间隔为110min。

（2）发航步骤。

当一闸室待闸船舶向二闸室移泊时，靠船墩靠泊船舶进入一闸室待闸，此时即可通知后续闸次船舶发航。参照闸次计划时间，具体步骤如下：提前4.5h对闸次船舶的动态进行核查、确认；提前4h根据船舶在锚情况进行计划调整；提前3.5h通知船舶发航，并告知船舶靠泊靠船墩的位置；提前2h核实船舶的靠墩情况及靠泊顺序；按照上述顺序，连续滚动发船。

（3）船舶集结。

船舶的集结点是上游靠船墩、浮式导航墙、一闸室；北（南）线船闸单线运行换向时，南（北）线靠船墩集结一个闸次的船舶。

（4）船闸排档。

参照上游135～139m水位条件下一闸室待闸的船闸排档。

2）试验分析

实行一闸室船舶满闸待闸方式为最优。实行一闸室待闸船舶向二闸室移泊时，靠船墩待闸船舶同时向一闸室移泊的待闸时机为最优。当二闸室船舶向三闸室移泊完毕，关三闸首人字门时，应停止船舶进入一闸室，未进完的船舶可以在浮式导航墙系泊待闸。实施一闸室待闸时，计划编制和现场排档指挥应根据船舶的类型、操纵性能、载货情况进行合理搭配。

3）安全规定

（1）船舶待闸安全规定。

待闸船舶（队）必须服从调度指挥，按要求在指定位置系泊；待闸船舶（队）应始终保持备车状态，驾驶室必须有人值守，密切关注流态变化和缆绳的受力情况，必要时采取车舵应对措施；船舶艏艉缆要系好收紧，并有专人看护；待闸船舶应与船闸保持通信联系畅通，及时报告船舶停泊状态，如有紧急情况发生，应立即采取措施，并控制事态继续发展。

（2）一闸室待闸安全注意事项。

大型船队不宜靠另一线靠船墩，闸次排档应将其作为头船安排；实施一闸室待闸时，二闸首防撞警戒装置必须投入运行；上游浮式导航墙可以靠泊干舷较低的船舶，但仅作为一闸室待闸的辅助集结点；关三闸首人字门以前，集控室必须确认一闸室待闸船舶是否系缆完毕；若此时待闸船舶未进入一闸室且具备在浮式导航墙停泊条件，为了不延误船闸正常运行，应安排未进入一闸室的部分船舶在浮式导航墙系泊；船闸工作人员应加强对待闸船舶的安全提示。

3.1.4 一闸室待闸结论及效益

1. 上游 135～139m 水位条件下一闸室待闸

（1）通过调整二闸首阀门开启方式等措施，浮式导航墙和一闸室水力学特性有了较为明显的改善，基本具备船舶进入一闸室内待闸的停泊条件。

（2）通过组织不同类型船舶（队）在一闸室不同部位的实船试验，船舶的稳定性较好，未出现不良状态；在三闸室补水、二闸室充水工况下，船舶可以实现在一闸室停泊待闸。

（3）通过试验总结出的一闸室船舶待闸的调度运行方式（分批调度船舶、静水进闸系缆、动水停泊待闸），能够实现连续进闸、快速运行的目的，方式可行。

（4）通过调整设备参数，一闸室水力学特性有了较好的改善。

（5）北线充水对南线船闸运行的影响成果表明，北线三闸室充水工况较易引起一闸室水流波动叠加，最不利的运行方式是北线三闸室充水运行 7～10min 后，南线三闸室充水，导致南线一闸室水位波动增强，波幅增大，船舶系缆力也因此增加。北线二闸室充水对南线运行影响较小，且有利于抑制南线一闸室的水位波动。在最不利的运行方式下，一闸室最大瞬时纵向比降为 0.12%，单船和中型船队的停泊条件仍可以满足规范要求。

经数据统计分析：上游 135～139m 水位条件下实行一闸室船舶待闸后，平均进闸时间较以前减少了 17.34min；考虑实行一闸室船舶待闸后三闸室及二闸室充水时间增加 8s 及 38s 后，进闸时间的减少量与闸次间隔时间的减少量相当；经船闸后期运行进一步论证采用一闸室船舶待闸的调度运行方式后，南线船闸的下行闸次将可由每日 13 个闸次提高至 15.2 个闸次，再考虑到长时间运行的各种复杂情况，平均每日可提高 1～2 个闸次。

2. 上游 144～156m 水位条件下一闸室待闸

上游 144～156m 水位条件下一闸室待闸研究在三峡船闸（139m 水位）一闸室船舶待闸实船试验研究成果基础上，通过对三峡工程不同蓄水位（144～156m）一闸室待闸条件的实船试验和水力学研究，表明了船舶在一闸室满闸室待闸是安全可行的，对提高完建期船闸的通过能力具有重要意义。

通过对三峡工程不同蓄水位（144～156m）、一闸首叠梁门放入高度、一闸室水深增加及二闸首船闸工作水头的提高等综合因素影响下船舶在一闸室待闸水流条件的试验研究，提出了不同水位下二闸首分别采取阀门局部开启和间歇开启的运行方式，改善了一闸室停泊条件，满足了待闸要求；船舶系缆力的测试又验证了船舶待闸的安全性。提出的不同蓄水位下二闸首阀门运行方式保证了一闸室满闸室待闸船舶的安全。

（1）144～156m 水位条件下，一闸室水力学特性总体较 139m 要好，通过调整二闸首输水方式等措施，浮式导航墙和一闸室水力学特性有了进一步的改善。

（2）通过组织不同类型船舶（队）在一闸室不同部位的实船试验，试验工况时船舶的停泊条件较好，未出现不良现象。在运行规定条件下，船舶可以在一闸室满闸室停泊待闸；在其他条件下，船舶可以在一闸室部分待闸，待闸区域应根据水力学特性及船舶停泊条件确定。

（3）通过试验总结出的一闸室船舶待闸的调度工艺（连续调度船舶、静水进闸系缆、动水停泊待闸），能够实现连续进闸、快速运行的目的，工艺可行；制定的《三峡船闸（144～156m 水位）一闸室船舶待闸实施办法》合理有效。

（4）三峡船闸下放四节叠梁门后，当上游水位低于 154.5m 时，不具备一闸室满闸待闸条件，只能采用部分待闸。

（5）考虑到动水条件下船舶在一闸室停泊时的各种复杂情况，在实行一闸室船舶待闸时应加强安全防范，遵守待闸安全规定要求。

经数据统计分析：上游 144～156m 水位条件下实行一闸室船舶待闸后，能有效缩短约 20min 的闸次间隔时间，可提高三峡船闸每日下行约 3 个闸次，有效地缓解了船闸完建期单线运行通航压力，社会经济效益显著。本项成果也可应用于三峡船闸通航后汛期低水位运行，潜在的社会经济效益较大。

3.2 船闸完建期 152.4～156m 水位条件下四级运行

3.2.1 研究背景

2006—2007 年三峡船闸进入完建施工阶段，船闸仅一线通航，航运压力剧增。如何挖掘通航潜力，最大限度地提高船闸通过能力是非常重要和十分紧迫的问题。3.1 节已经说明，在上游水位蓄高到 152.4～156m 时，船闸应采用五级补水运行方案。鉴于完建期第一闸首人字门尚不能投入使用，如采用五级补水运行，就需将船闸上游事故检修门当做工作闸门使用。由于事故检修门开启和关闭一个周期耗时达 35～40min，远大于人字门启闭需要的时间，且第二级船闸需要补水，最大补水层厚度为 13.35m，故采用五级运行方案将影响船闸通航效率，导致船闸通航次数减少，通过能力下降。

上游水位 156m 情况下，船闸采用四级运行时，不同下游水位所对应的中间级及首末级闸首最大工作水头见表 3-8。

由表 3-8 可见，在下游水位 62～65.6m 时，三峡船闸中间级和首末级闸首最大工作水头将超过 45.2m 和 22.6m 的设计值。四级运行时，二闸首作为首级，而二闸首作为中间级使用时设计水头为 45.2m。因此，在 156m 水位四级运行时，只有中间级和末级闸首的最大工作水头将超过设计值。在下游最低水位 62m 条件下，中间级闸首最大水头为 47m，超过设计值1.8m；六闸首最大水头为23.5m，超过设计值0.9m。若下游水位为63m，中间级闸首最大水头为46.5m，超过设计值1.3m；六闸首最大水头为23.25m，超过设计值0.65m。船闸水力学特性及土建、金属结构满足要求是四级运行方案的关键。

表3-8　156m水位船闸四级运行工作水头

（单位：m）

上游水位	下游水位	中间级最大水头	首末级最大水头
156	62	47.0	23.50
156	63	46.5	23.25
156	64	46.0	23.00
156	65	45.5	22.75
156	65.6	45.2	22.60

3.2.2　试验研究

通过对各种水头下中间级闸首输水系统性能及阀门工作条件、不同蓄水位六闸首在超设计指标下的输水特性及阀门工作条件进行测试分析，得出可行性运行参数，拟解决152.4～156m水位四级运行方式下中间级闸首最大水头及六闸首最大水头超高问题。

1. 中间级闸首输水系统性能及阀门工作条件研究

1）试验内容及工况

试验内容为，中间级闸首各种水头下，双侧和单侧廊道两种运行工况输水系统水力特性及阀门工作条件，分析研究了改善措施。调试分为双侧廊道正常运行工况和单侧廊道检修运行工况两大类，共进行33组，其中涉及调整闸室水位的有18组。中间级闸首调试工况汇总于表3-9。

表3-9　中间级闸首调试工况

编号	上闸室初始水位/m	下闸室初始水位/m	齐平水位/m	初始水头/m	阀门处廊道初始淹没水深/m	阀门运行方式	备注
1	125.20	84.70	104.92	40.50	27.95	双边连续正常开启	5组
2	125.21	84.86	105.01	40.44	28.11	双边间歇开启，正常开启至55%停4min	1组
3	125.25	84.85	105.01	40.40	28.10	双边间歇开启，正常开启至65%停3min	1组
4	125.26	84.77	104.98	40.49	28.02	北单边连续正常开启	2组
5	125.22	84.84	105.01	40.38	28.09	北单边间歇开启，正常开启至55%停4min	1组
6	125.22	85.33	105.26	39.89	28.58	北单边间歇开启，正常开启至60%停6min	1组

续表

编号	上闸室初始水位 /m	下闸室初始水位 /m	齐平水位 /m	初始水头 /m	阀门处廊道初始淹没水深 /m	阀门运行方式	备注
7	125.24	85.34	105.28	39.91	28.59	北单边间歇开启，正常开启至 65% 停 7min	1 组
8	127.92	82.60	105.28	45.32	25.85	双边连续正常开启	2 组
9	127.91	82.75	105.35	45.16	26.00	双边间歇开启，正常开启至 50% 停 4min	1 组
10	127.96	82.76	105.36	45.20	26.01	双边间歇开启，正常开启至 60% 停 4min	1 组
11	127.95	82.64	105.29	45.31	25.89	双边间歇开启，正常开启至 70% 停 3min	1 组
12	127.94	82.69	105.33	45.25	25.94	双边间歇开启，正常开启至 70% 停 4min	1 组
13	127.93	82.76	105.33	45.16	26.01	北单边间歇开启，正常开启至 50% 停 7min	1 组
14	127.93	82.62	105.28	45.31	25.87	北单边间歇开启，正常开启至 65% 停 7min	1 组
15	128.73	82.71	105.72	46.02	25.96	双边连续正常开启	1 组
16	128.74	82.74	105.76	46.00	25.99	双边间歇开启，正常开启至 65% 停 4min	1 组
17	129.64	82.64	106.16	47.00	25.89	双边连续正常开启	3 组
18	129.72	82.71	106.21	47.01	25.96	双边间歇开启，正常开启至 60% 停 4min	1 组
19	129.80	82.80	106.32	47.00	26.05	双边间歇开启，正常开启至 65% 停 3min	2 组
20	129.74	82.66	106.22	47.08	25.91	双边间歇开启，正常开启至 65% 停 2min	1 组
21	138.73	104.83	125.20	33.91	27.33	双边连续正常开启（二闸室向三闸室充水，二闸首阀门补水运行）	3 组
22	105.00	64.30	84.60	40.70	28.30	双边连续正常开启（四闸室向五闸室充水）	1 组

2）各种工作水头下中间级闸首双边连续开启输水系统特性及阀门工作条件

（1）输水系统水力特性。

闸室流态：三峡船闸采用的二次分流闸底 8 支廊道、4 区段输水、96 孔顶缝出水盖板消能的复杂式等惯性输水系统，其最大特点是水流能均匀地分散进入闸室内，较好地解决了阀门快速开启时的闸室船舶停泊条件。流态观测表明，40～47m 水头下输水系统运行正常，上闸室泄水全过程水面流态极为平稳；下闸室灌水全过程水面流态总体都较为平稳，各区段出水均匀，无明显的纵横向水流流动趋势，水面波动不大。相对而言，水头越大，闸室局部波动也越大。

输水系统水力特征值：双侧廊道运行工况闸室输水水力特征值见表 3-10。

表 3-10 双侧廊道运行工况闸室输水水力特征值

编号	初始水头 /m	输水时间 / min	最大流量 / $m^3 \cdot s^{-1}$	闸室水面平均上升速度 /$m \cdot min^{-1}$	闸室水面最大上升速度 /$m \cdot min^{-1}$	能量 / 万 kW	最大反向水头 /m
1	34	9.78	600	1.74	3.46	5.51	0.083
2	40	10.00	640	2.00	3.69	17.6	0.087
3	45.2	10.23	680	2.21	3.92	22.1	0.090
4	46	10.47	690	2.20	3.98	22.5	0.082
5	47	10.67	700	2.20	4.04	23.0	0.072

经测试分析：在上游蓄水位 139m 条件下，四闸首初始水头为 40m，最大流量为 640m^3/s，输水时间 10min；当水头增大到 45.2m 的设计值时，最大流量为 680m^3/s，输水时间 10.23min；进一步增大工作水头，到超过 47m 的设计值时，最大流量为 700m^3/s，输水时间 10.67min。受阀门快速开启引起的较强水流惯性作用的影响，输水系统最大流量均出现在阀门全开后 30s 左右。40～47m 工作水头下，双边阀门连续开启工况输水时间都不超过 11min，满足设计要求。

（2）阀门的工作条件。

在各种水头下，对中间级闸首分别进行的门井水流特性、门楣通气特性、输水廊道空化特性、输水阀门流激振动特性、活塞杆窜动量特性、阀门启闭力特性、门井空气声压等测量分析表明：在双侧廊道正常运行工况下，采用目前的连续开启运行方式，中间级闸首初始工作水头由 45.2m 增大到 47m 时，第一分流口空化、门井水流脉动、活塞杆窜动、启门力脉动和吊杆振动有所增大，船闸总体保持正常运行。

在阀门开至 80% 时，泄水闸室第一分流口开始形成空化，空化持续时段约 3min，以阀门全开后 22s 空化最强。第一分流口空化不仅将导致分流舌发生空蚀破坏，而且空化溃灭形成的冲击波引起各门井水流压力波动、活塞杆窜动、门体振动及启门力脉动增大，在此种状态下长期运行可能引起阀门支铰螺栓松动及液压元件损坏，对液压启闭系统影响更大。在有水调试阶段，尽管已经观测到第一分流口有空化发生，但是空化对门体的影响程度远较本次试验小。

结合当时船闸运行情况，第一分流口分流舌可能有一定程度的空蚀破坏，混凝土存在剥蚀现象，表面的不平整又将导致其分离型空化变强，空化的影响程度也将增大。另外，液压系统元器件和阀门水封的磨损导致其抵御水动力荷载对门体的动水作用方面的性能下降，如阀门开门过程中，在分流口发生空化以前时段，有水调试阶段活塞杆窜动量及门井空气声级均较小，而本次调试活塞杆窜动量及门井空气声级明显增大；当分流口发生空化时，有水调试阶段观测到的活塞杆窜动并不明显，本次调试能显见活塞杆的上下窜动，在闸顶听到的响声也明显增大。

综上分析，为使阀门及启闭系统保持较好的工作状态，解决第一分流口空化问题的措施是十分必要的。

3）双侧廊道运行工况下阀门运行方式优化研究

（1）改善措施分析。

减免分流舌空化一般有两种途径：一是降低临界空化数；二是增大工作空化数。降低临界空化数只有通过工程措施实现，即采取措施改变分流舌体型，减弱水流分离现象。对于三峡船闸，共有 40 个分流舌，其改造的工程量较大，改造施工期对通航影响较大，且改造后的效果还有待观察。增大工作空化数的方法是降低分流舌过流流速。降低分流舌过流流速最有效的方式是改变流量。降低输水系统流量的最简便的方法是改变阀门运行方式，包括慢速开启和间歇开启。

利用实测的流量系数，计算阀门慢速开启时输水系统流量。当采用 5min 开启时，45.2m 和 47m 水头下输水系统最大流量可由 2min 的 $680m^3/s$ 和 $700m^3/s$ 减小到 $600m^3/s$ 和 $610m^3/s$。虽然慢速开启可以达到降低输水系统最大流量的目的，但以往的研究成果表明，三峡船闸阀门采用慢速开启存在较大的不利因素。三峡船闸目前采用 2min 开启这一较快的开启方式的原因是快速开启可利用阀门开启过程中的惯性水头，大大提高门后水流压力及空化数；同时又不易形成慢速开启时贴附阀门而加强底缘空化的漩滚；即使发生空化，同慢速开启相比，其空化强度也将减弱，空化状态持续时间也相应缩短，造成空蚀的概率也减小。在中间级闸首底扩廊道体型下，1∶10 非恒定流减压模型成果表明，在阀门处廊道淹没水深 26m 条件下，采用 2min 开启，阀门底缘处于临界空化状态；若采用 5min 开启，阀门底缘在 0.2～0.5 开度范围将发生空化，避免发生空化所需的淹没水深为 36m。同时，慢速开启时门后漩滚较强，压力脉动增大，导致阀门振动及启门力脉动都大于快速开启方式。显然，尽管采用慢速开启可以减弱第一分流口空化，但对阀门工作条件不利，因此本次调试未对慢速开启方式进行研究。

（2）间歇开启方式优化研究。

根据上述原则，在不同水头下，对间歇开启方式的停机开度、停机时间进行了优化研究。45.2m 水头下，研究了三种停机开度，分别为 0.5、0.6、0.7，停机时间为 4min，并分别对这三种间歇开启方式运行下各门井水听器监测的空化噪声强度、流量过程线、北三下游检修门井水位过程线、北四下游检修门井水位过程线、活塞杆窜动量及空气声压进行了研究分析。

分析结果表明，在 45.2m 水头下，阀门在 0.5、0.6、0.7 开度停机后输水系统最大流量由连续开启的 $680m^3/s$ 分别降至 $540m^3/s$、$590m^3/s$、$640m^3/s$。三种停机开度都能显著降低第一分流口空化强度，甚至避免空化发生，从而大大改善了阀门工作条件。相对而言，停机开度越小，跌坎越易空化，且强度增大，门后漩滚也越强，因此选择大开度停机是合适的。

（3）间歇开启方式效果。

间歇开启方式的效果主要从输水流量及输水时间、闸室流态与系缆力、阀门及廊道空化、活塞杆窜动量、空气声级、吊杆振动、门井水流波动及启门力等进行分析。

输水流量及输水时间：分析不同水头下，采用间歇开启方式后输水系统流量过程。在停机瞬时，输水系统流量并非最大，由于惯性作用，流量继续增加，经过约 30s（反映了压力波的传递过程），流量达到最大，随后逐渐下降，阀门再次开启至全开后，各种水头下流量均未超过 550m^3/s，说明停机的时间是恰当的。

表 3-11 给出了连续开启与间歇开启两种运行方式下流量与输水时间对比。工作水头为 47m 时，间歇开启方式最大流量由连续开启时的 700m^3/s 减小到 640m^3/s；流量超过 600m^3/s 的时间也由连续开启时的 160s 缩短到 70s。间歇开启方式起到了控制流量的作用。

各种水头下，采用间歇开启方式运行，输水时间略有延长，但均可控制在 11min 以内，仍小于设计的 12min，输水时间满足要求。

表 3-11　连续开启与间歇开启两种运行方式下流量与输水时间对比

水头 /m	最大流量 /$m^3 \cdot s^{-1}$		流量超过 600$m^3 \cdot s^{-1}$ 的时间 /s		输水时间 /min	
	连续开启	间歇开启	连续开启	间歇开启	连续开启	间歇开启
40	640	520	100	0	10.00	10.68
45.2	680	640*	140	80	10.23	11.00
46	690	620	150	60	10.47	10.81※
47	700	640	160	70	10.67	10.80

注：* 为停机开度 0.7、停机 3min 工况；※ 为停机开度 0.65、停机 4min 工况；其余均为停机开度 0.65、停机 3min 工况。

闸室流态及停泊条件分析：由于三峡船闸的输水系统性能优良，初始波浪力较小，船舶停泊条件取决于最大流量期间的水流流态。阀门采用间歇开启方式运行后，因输水系统最大流量减小，整个输水过程中闸室水面流态都很平稳。在 47m 水头下，闸室最大流量 640m^3/s，比目前 40m 运行工况还小，且船舶系缆力小于设计允许值，并有一定富余，因此，预期采用间歇开启方式后，47m 水头下船舶停泊条件能满足要求。由于间歇开启并未改变闭门方式，因此超灌泄也满足设计要求。

阀门及输水廊道空化特性：间歇开启方式的目的是消除或减弱分流口空化，同时避免在阀门段产生新的空化源。监测结果表明，采用间歇开启运行方式，基本消除了闸室第一分流口空化。

活塞杆窜动量：活塞杆窜动量是衡量液压启闭系统性能的重要指标。采用间歇开启方式后，由于引起活塞杆窜动的根源——第一分流口空化得到充分抑制，与连续开启相比，活塞杆窜动量显著减小，液压启闭机运行平稳。

空气声级：采用间歇开启方式后，各种水头下在闸顶未听到异常响声，与连续开启相比，声级大大减小。

启门力：采用间歇开启方式消除了第一分流口空化，避免了空化溃灭冲击波对门体的冲击，液压启闭系统运行平稳，实测的启门力脉动比连续开启方式明显减小。

门楣通气量：根据非恒定流减压试验成果，阀门停机后，由于可利用的惯性水头消失，流场转变为准恒定流特征，门后压力下降，漩滚变强，若不采取通气措施，阀门底缘将发生空化。本次调试表明，采用间歇开启方式，在阀门停机后，门楣仍能自然通气。门楣通气抑制了阀门底缘空化，改善了阀门工作条件，是间歇开启方式应用的关键。

吊杆振动特性：由于停机期间门后漩滚变强，门体振动是否加剧也是衡量间歇开启方式成功与否的重要因素。研究结果表明，采用间歇开启方式后，第一分流口空化得到充分抑制，吊杆纵向振动也有明显降低。

综上所述，在 40m 水头下单边运行，船闸工作条件远较 45～47m 水头下双边连续运行工况差，为此，为改善单边运行工况下的船闸运行性能，对单边阀门运行方式进行研究是非常必要的。

4）单侧廊道运行工况下阀门运行方式优化研究

三峡船闸采用双侧廊道布置，当一侧廊道出现故障或检修时，就不得不采取单侧廊道输水运行方式。阀门单边运行作为一种非正常运行工况，输水过程中，与双边阀门运行方式相比，由于闸室水位上升（下降）速度减慢，同一时刻水头增大，以及输水系统阻力系数减小，导致单侧廊道流量增大，门后压力降低。此外，单边运行输水系统惯性换算长度较双边短，快速开启可利用的惯性水头减小，也导致门后压力降低，因此单边输水工况阀门工作条件将相对变差。

（1）40m 水头下阀门单侧运行工况输水系统及阀门水动力特性。

在 139m 水位下，选择北四闸首单侧运行，而中北四阀门处于关闭状态，上下闸室初始水位与双侧运行相同，三闸室初始水位 125.26m，四闸室初始水位 84.77m，初始水头 40.49m，阀门处廊道初始淹没水深 28.02m。阀门开启方式与双侧廊道运行方式相同，只是动水关阀的剩余水头和停机的小开度有所差异。阀门全开时间仍为 150s，全开时剩余水头 36m，在剩余水头 2.3m 时动水关阀至 30%，水位齐平时开启人字门，输水时间 1028s。

单边运行工况监测成果表明，在阀门开至 70% 时，上闸室第一分流口发生空化，空化持续到阀门全开后，强空化时段约 3min，在闸首能听见连续轰鸣声。第一分流口空化的危害不仅仅是导致分流舌空蚀，其空化溃灭产生的冲击波对阀门及液压系统的影响更大，如活塞杆窜动，超过 10mm 的达 257 次，超过 20mm 的达 28 次，最大达 33.3mm；吊杆纵向振动也比双边运行增大 3 倍以上。由于活塞杆的窜动，引起启闭机有杆腔和无杆腔压力波动，造成回油多次冲击现地子站液压系统止回阀，发出清脆的撞击声。同时，空化溃灭产生的冲击波还导致廊道水流压力脉动显著增大，对土建结构造成不利影响。

各项水动力特征值对比结果说明，40m 水头下单边运行，船闸工作条件远较 45～47m 水头下双边连续运行工况差。因此，为改善单边运行工况下的船闸运行性能，对单边阀门运行方式进行研究是非常必要的。

（2）40m 水头下单侧廊道运行工况阀门运行方式优化研究。

借鉴双侧廊道运行工况成果，确定仍采用间歇开启的运行方式以改善单边运行工况船闸运行性能。选择三种停机开度（0.55、0.6、0.65）以及三种停机时间（4min、6min、7min）进行研究。

研究表明，三种间歇开启方式都起到了减小最大流量的作用，停机开度 0.55、0.6、0.65 所对应的停机期间最大流量分别为 270m^3/s、290m^3/s、310m^3/s，比连续开启减小 11%～17%。在停机开度 0.55 时，由于停机时间较短（仅 4min），在阀门再次开启后输水系统流量又达到 300m^3/s，对减免分流口空化不利。根据北三下游检修门井所监测的噪声资料、北四下游检修门井水听器监测的资料及连续开启与间隙开启方式的空气声压、活塞杆窜动量分析结果表明，采用间歇开启方式后，可以大大减弱输水廊道水流压力脉动。

在目前40m水头单侧廊道运行工况下，采用间歇开启方式可显著改善输水系统及阀门工作条件。停机开度的选择：如同双侧廊道运行工况，尽管大开度停机时分流口有空化，但作为事故检修运行工况，运行时间较短，分流口空化的危害不大；而小开度停机时跌坎空化较强，且底缘发生空化，尽管门楣通气可以抑制底缘空化，但从现场声响分析，停机期间门楣大量进气，可能在门后形成气囊，时而能听见气囊爆破声，而爆破会引起阀门下游廊道振动。此外，为了方便运行管理，确定单侧廊道运行工况间歇开启的停机开度与双侧工况相同，都为0.65开度，停机时间为7min。

（3）45.2m水头下单侧廊道运行工况阀门运行方式优化研究。

在2002—2003年有水调试阶段，对每一闸首都进行了设计的45.2m水头下单侧廊道运行工况调试，检验了输水系统性能及阀门工作条件。北四闸首单边运行工况测试结果表明：阀门全开时间110s，输水系统最大流量390m^3/s；输水时间17.25min。在阀门开启之初10s，顶水封头部有短暂空化；之前底缘通常较易发生空化的0.05～0.6开度范围内无空化噪声，阀门段底缘空化得到充分抑制；跌坎存在短暂空化；阀门接近全开到全开后约8min时段，三闸室第一分流口发生空化，脉冲增多，噪声强度增大，以全开后4min以内时段较强。阀门开启过程中，门井水位最大下降幅值为40.95m；下游检修门井水位在阀门开度范围t/t_v=0.25～0.6时段相对较低，平均最低水位比初始水位下降1m，最大压力脉动幅值约为0.09MPa，门后漩滚未引起检修门井水流的大幅脉动。全开后4min以内，因泄水闸室第一分流口出现较强空化，各门井水位都有较大幅度的脉动，在阀门全开后136s左右，有一次较大的冲击，上游检修门井、阀门井最大脉动幅值分别为30m、18m，下游检修门井最大脉动幅值17m。门楣通气管在开门后5s左右开始进气，单侧廊道最大通气量可达0.42m^3/s，比双边开启增大30%左右。t/t_v=0.05～0.7开度范围通气量均大于0.2m^3/s。开门之初，阀门门体振动加速度最大双倍幅值3.3g，开门过程最大双倍幅值0.4g。全开后，最大双倍幅值0.5g。启门力最大值为1440kN，整个启门过程启门力脉动不大，相对而言，以大开度时启门力脉动略大，最大脉动幅值约250kN。在阀门全开后，门体受到空化溃灭冲击波的作用，启闭杆件受力脉动增大，特别是门体受到水流上托力的作用，吊杆受力减小，但是仍保持受拉力状态，杆件未受压。

尽管单边运行时阀门工作条件较双边开启时差，但由于该工况为非正常运行工况，在调试阶段认为单边运行工况不至于危及船闸运行安全。

测试40m水头单边连续开启与45.2m水头单边连续开启（有水调试阶段）活塞杆窜动量并对北四下游检修门井水听器监测的噪声强度进行分析。由于船闸运行多年来液压元件及阀门水封的磨损，其抵御水动力荷载的能力减弱，在受到冲击型荷载时活塞杆较易发生窜动。本次调试实测的40m水头活塞杆窜动量明显大于有水调试阶段45.2m水头情况。鉴于40m水头阀门单边运行工况阀门活塞杆窜动较大，且闸顶轰鸣声较响，为减少调试对液压系统的损坏，未进行45.2m水头下单边阀门连续开启试验，后续测试分析了间歇开启方式的效果。

间歇开启运行方式：40m水头下阀门单边间歇开启方式研究成果指出，阀门开启至0.55开度停机，停机期间有个别脉冲，第一分流口基本无空化；但门后压力较低，漩滚较强，而且跌坎空化强度相对较大；在0.65开度停机，停机期间第一分流口有空化；门后压力相对较高，漩滚减弱。两种停机开度各有利弊。针对45.2m水头下阀门单边运行工况，选择了两种间歇开启方式继续进行试验：停机开度 0.5，停机时间 7min；停机开度 0.65，停机时间 7min。

间歇开启运行方式的效果：通过研究分析可知，两种间歇开启方式都起到了减小最大流量的作用，停机开度 0.5、0.65 所对应的最大流量分别为 280m³/s 和 340m³/s，发生在停机后 30s 左右，比连续开启减小 30% 和 17%；停机 7min 后，阀门再次开启后输水系统流量又分别达到 295m³/s 和 260m³/s。在停机开度 0.5 和 0.65，停机时间均为 7min 的运行方式下，输水时间分别为 21min 和 20min，小于设计的 23min。根据北三下游检修门井所监测的噪声资料，在阀门停机开度为 0.5 时，停机后有少量脉冲，第一分流口存在不强空化；当停机 7min 后再次开启阀门时，阀门开启过程及全开后有空化脉冲，第一分流口发生空化，持续时段约 2min。停机开度增大到 0.65 时，停机期间脉冲增多，强度增大，表明第一分流口空化较强，持续时段约 4min；停机 7min 后再次开启阀门至全开，有少量脉冲，第一分流口空化较弱。位于北四上游检修门井水听器监测的噪声资料表明，在停机期间，跌坎空化较为强烈，持续时段长；尤其在 0.5 开度停机，空化更为强烈，在门井能听见明显的爆破声。北四下游检修门井水听器监测的资料表明，在 0.5 开度停机期间，受跌坎空化的影响，噪声过程线有大量脉冲，这与双边开启有较大差异，也说明停机期间跌坎空化较强，且溃灭区向下游扩展；阀门再次开启后，尽管泄水闸室第一分流口存在空化，但由于门后廊道掺气水流的作用，接受的空化噪声较弱。在 0.65 开度停机时，由于跌坎空化相对减弱，接受的脉冲明显减少。两种间歇开启方式下门楣通气量分析结果表明：在停机开度 0.5 时，停机 7min 期间，门楣通气量保持在 0.36m³/s 以上，占主流的 0.18% 以上，最大通气量达 0.6m³/s。停机开度 0.65 时，停机 7min 期间，最大通气量为 0.42m³/s，有 4min 时段门楣通气量保持在 0.2m³/s 以上。两种间歇开启方式下北三下游检修门井监测的空气声压变化分析结果表明：由于在 0.65 开度停机时泄水闸首存在空化，导致空气声压也明显增大；0.5 开度停机时空化较弱，空气声压较低。0.5 开度停机 7min 后再次开启阀门时，由于此时输水系统流量达 295m³/s，超过停机时的流量 280m³/s，泄水闸室再次发生空化，强度超过停机期间，其空气声压也明显增大，因此在停机开度为 0.5 时停机时间尚需延长；而在 0.65 开度停机，停机后空化较弱，因此监测的空气声压也较小。两种间歇开启方式与连续开启方式下活塞杆窜动量分析结果表明：采用间歇开启方式后，活塞杆的窜动量显著减小。相对而言，停机开度为 0.65 的活塞杆窜动量明显小于 0.5 开度停机。通过分析各门井水位变化过程，两种开度停机时，位于阀门上游的各阀门井水压力脉动仍较大，反映了分流口空化的影响；而位于阀门下游的各门井水压力脉动相对较小，与 0.5 开度停机相比，0.65 开度停机后门后漩滚相对较弱，因而门后压力脉动也相对较低。

综上所述，再对比 40m 水头单边连续开启与 45.2m 水头间歇开启输水系统和阀门水动力特征值。45.2m 水头下阀门采用间歇开启方式，阀门活塞杆窜动量、振动加速度、启门力脉动等衡量阀门工作条件的技术指标均优于 40m 水头单边连续开启方式。

（4）改善单侧廊道运行条件的工程措施。

对于单侧廊道运行工况，可采用以下工程措施。

跌坎强迫通气措施：模型试验指出，在单边运行时，跌坎存在较强空化，采用跌坎强迫通气配合门楣自然通气，可较好地解决阀门段空化问题。

增加阻力：单边运行工况阀门工作条件较差的主要因素是流量系数增大。为此可在南北两线各加工一扇格栅，在一侧出现故障或检修时，将格栅放入对侧闸首下游检修门井，以增大阻力，减小输水廊道流速。

2. 六闸首输水系统性能及阀门工作条件研究

三峡双线船闸下游与升船机共用引航道，考虑到一线船闸运行对另一线船闸通航水流条件的影响，以及升船机运行对引航道水流条件的要求，船闸五闸室泄水采用了国内外独特的长达 1380 余米的泄水箱涵（泄入长江）以及辅助泄水廊道（泄入下游引航道）。外泄输水系统保证了运行要求，内泄系统保证了输水末期闸室与下游引航道水位齐平。

1）试验内容及工况

为解决超水头问题，主要研究分析了六闸首在超设计指标下的输水特性及阀门工作条件，包括六闸首泄水箱涵特殊水力学问题、双边正常运行工况输水特性及阀门工作条件以及动水关阀工况输水特性及阀门工作条件等分析研究。六闸首试验组次见表 3-12。

表 3-12　六闸首试验组次表

工况	六闸首水位 /m	下游水位 /m	齐平水位 /m	水头 /m	阀门开启方式
1	88.28	65.75	65.83	22.53	正常开启至全开，4.7m 水头提前关阀
2	88.28	65.83	65.75	22.42	正常开启至全开，4.7m 水头提前关阀
3	87.88	64.79	64.77	23.09	正常开启至全开，4.7m 水头提前关阀
4	88.22	64.79	64.84	23.43	正常开启至全开，4.7m 水头提前关阀
5	87.42	64.76	64.81	22.66	正常开启至全开，4.7m 水头提前关阀
6	87.53	64.82	86.20	22.71	正常开启至 90% 紧急关阀

2）六闸首泄水箱涵特殊水力学问题

1997—2000 年在三峡工程施工阶段，进行了比例尺为 1：20 的阀门水力学非恒定流常压及减压模型试验研究，研究结果进一步论证了六闸首阀门水力学问题的复杂性。

（1）单边阀门泄水时，阀门全开后直至门井水位降低至最低瞬时，阀门井水流漩滚强烈，门井水面出现较大波动并有掺气现象发生，导致阀门承受的水流脉动荷载增大，不利于阀门正常工作。

（2）阀门紧急动水关闭时，阀门段出现了较为恶劣的水力现象。

下游检修门井敞开时，无论是双边泄水还是单边泄水，检修门井均发生不同程度脱空带气现象，门后廊道形成强漩滚掺气水流，尤其是快速关闭（t_v=4min）时，检修门井大量进气，门后水流形成远驱式水跃，门后廊道大范围脱空，阀门全关后反向流压缩空腔导致门后压力及支铰荷载巨幅振荡，实测的最大冲击压力幅值达 0.3MPa，水平和垂直向支铰分力振荡幅值可达 350kN 和 2000kN，空腔范围延伸到阀门井下游 50m 以外，对阀门及下游泄水箱不利。

检修门井封闭后，无论何种动水关闭方式，下游检修门井均未发生脱空带气现象，门后廊道为有压流，但存在不同程度负压。双边及单边泄水方式，快速关闭时，门后负压可达 -0.07MPa 和 -0.08MPa。

无论是检修门井敞开还是封闭，以不小于 4min 关闭时，阀门底缘在 n=0.2～0.5 开度范围均存在不同程度空化。封堵检修门井，阀门段空化较为严重。

事故动水关闭过程中，门井水位升高，门后压力下降，阀门承受的作用水头增大。以 t'_v=4min 和 t_v=2min 关闭时，门井最高水位分别为 86m 和 88m，最大水动力荷载系数分别为 1.37 和 1.59，最大支铰荷载分别为初始作用水头下支铰荷载的 1.2 和 1.4 倍。各种工况下最小净动水闭门力为 -100kN，相应开度为 n=0.7，计及阀门两侧止水摩擦力的影响后，启闭杆件可能出现受压状态。

按 9m 内外压差进行泄水箱涵结构设计，因此，各种运行方式应满足这一要求，以确保箱涵结构安全。

综上分析，六闸首泄水问题相对中间级闸首较为复杂。当 156m 水位船闸四级运行时，在最不利的水位组合下，工作水头将达 23.5m，超过设计水头 0.9m。利用现场放置的各种传感器，监测了不同水头下六闸首双边正常工况以及动水关阀工况输水系统性能及阀门工作条件。试验采取循序渐进的方式进行，从当时工作水头 22.5m（接近设计水头）开始，逐渐调整五闸室初始水位，先后进行了 23m 和 23.5m 水头的试验。采取现地输水联动操作。阀门开启时间为 4min，关闭时间为 6min。

3）双边正常运行工况六闸首输水系统水力特性及阀门工作条件（水头 23.5m）

（1）泄水特性。

观测结果表明，五闸室泄水过程中，闸室水面流态非常平稳，输水系统最大流量为 610m^3/s，发生在阀门全开后 30s 左右。水位齐平时，泄水总时间 731s，合 12.18min，闸室水位平均下降速度 1.84m/min，最大下降速度 3.52m/min。为控制闸室超泄，采取提前关闭主阀的操作方式，辅助阀门未投入使用。实际操作时，动水关阀水头 4.7m，关至 0.3 开度。实测最大超泄值为 0.03m，满足设计要求。五闸室泄水流量过程图见图 3-4。

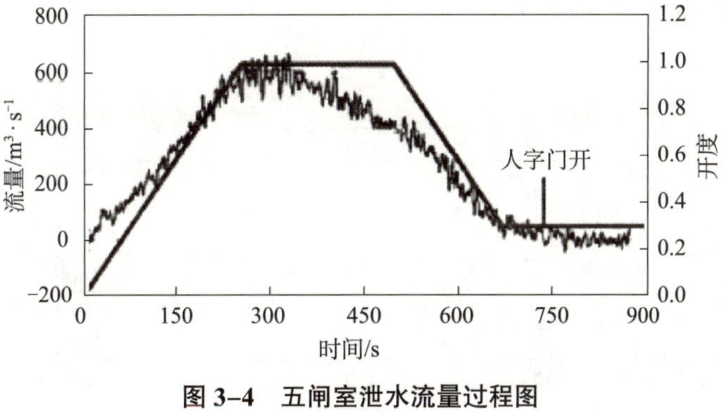

图 3-4　五闸室泄水流量过程图

（2）泄水阀门水力学特性。

门井水流特性：观察结果表明，阀门启闭过程中，闸顶无异常声响，阀门及启闭系统运行平稳。阀门开启过程中，门井水位快速下降，全开时门井最低水位 66.81m，在水流惯性作用下，全开后门井水位继续下降，全开 100s 以后门井水位缓慢下降，门井最低水位为 62.40m，低于下游引航道水位 2.39m。动水关阀时，门井水位上升，关至 n=0.6 时水位升至最高，此后又缓慢下降，直至与闸室水位齐平。试验中观察到阀门开启过程直至全开瞬时，门井水流表面波动较小，但全开后 100s 左右，门井水位降到最低时，门井水流表面波动突然变强，且持续时间一直延长到动水关阀。六闸首阀门井水位变化过程线见图 3-5。

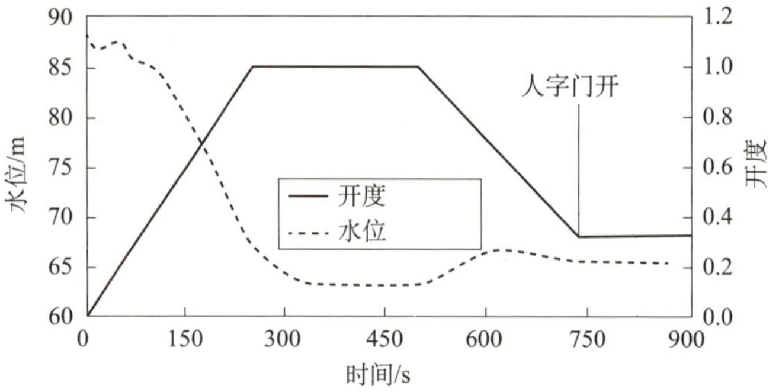

图 3-5　六闸首阀门井水位变化过程线

泄水箱涵压力变化情况：下检修门井水位变化过程线见图 3-6。由图可知，阀门开门之初，门后流态尚未形成，因泄水箱涵的存在，六闸首所特有的强烈的水流惯性作用导致门后压力迅速升高，在 18s 内下游检修门井水位高于引航道水位（64.8m）5.5m，与箱涵结构设计容许值 9m 有一定富余。在 60～200s 时段，门后压力存在低谷区，漩滚较强，n=0.5～0.6 开度压力最低，最低水位低于引航道水位 1～2m，大开度水流压力脉动相对较大。全开时，下游检修门井水位时均值高于引航道水位 1.2m。阀门全开后，压力开始下降，至动水关阀瞬时，最低水位低于引航道水位 4.3m 左右。在剩余水头为 4.7m 时以 t_v=6min 的速率动水关阀，关阀过程中门后压力陡降，在关至 n=0.7 时，检修门井水位最低，约为 55.5m，低于下游引航道水位 9.3m 左右，但未发生脱空现象，还有 0.04MPa 的正压。从这点可分析得出，若六闸首在更高水头动水关阀，门后可能出现大范围脱空现象，出现模型试验发现的最不利流态，影响阀门及箱涵的安全运行。

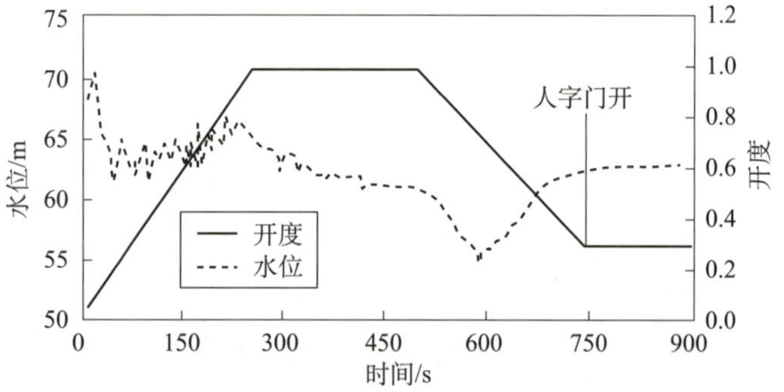

图 3-6　下检修门井水位变化过程线

门楣通气量：通过测试分析，该运行条件下，门楣通气相当稳定，0～5s 受到惯性的作用，门楣进气较小，10s 后通气管稳定进气，最大通气量约 0.26m^3/s，30～150s 时段，通气量保持在 0.24m^3/s 左右，对抑制阀门底缘空化较为有利。

廊道空化特性：通过测试分析，该运行条件下，在开门之初，噪声强度明显增加，是由顶止水脱离门楣而发生的止水头部空化所致，由于时段仅 10s，不至于对阀门产生不利影响。阀门开启过程中（阀门开启 230s 时底缘就进入门井），噪声强度基本不变，量级较小，表现为掺气水流噪声，说明阀门开启过程中阀门段廊道基本无空化。

在阀门接近全开到其后 120s 时段，廊道噪声强度增加，廊道存在空化，历时 2min，阀门全开后 30s 空化开始变强，与最大流量发生时刻一致。这也说明五闸室泄水过程中，在输水系统出现最大流量的时段附近，闸室第一分流口存在空化现象。

阀门启闭力特性：阀门开启过程中启门力变化过程线见图 3-7。由图可见，时均最大动水启门力为 850kN，出现在 n=0.7 开度，小于设计的 150kN。大开度启门力脉动相对较大，最大脉动幅值 200kN。

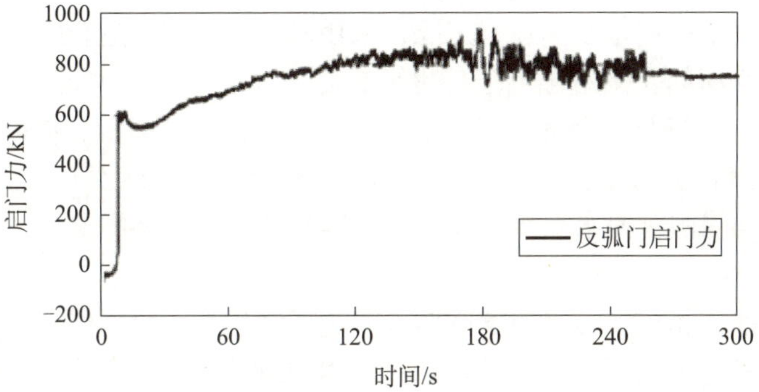

图 3-7　阀门开启过程中启门力变化过程线

动水关阀时阀门启闭机油压及闭门力过程线见图 3-8。动水关阀过程中，最小闭门力 500kN，关阀过程中，在关至 n=0.7 开度时，闭门力脉动较大，最大脉动幅值约 120kN。显然，在超过设计水头下北六闸首启闭机容量及门体自重满足动水开启和关闭要求。

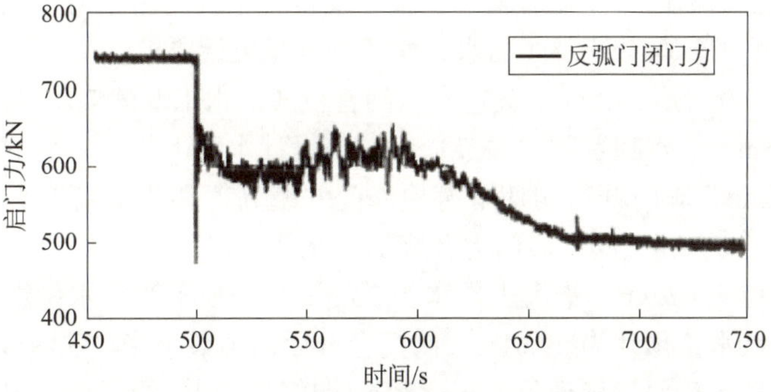

图 3-8　动水关阀时阀门启闭机油压及闭门力过程线

4）紧急关阀工况六闸首输水系统水力特性及阀门工作条件

经观测分析，在下游水位 64.82m 条件下，阀门开至 n=0.3 开度紧急动水关阀，下游检修门井没有脱空。随后测试了该工况下的门楣通气，经测试分析在该工况下门楣通气能较好地适应紧急关阀工况，较大的通气量对改善阀门工作条件非常有利，并对阀门段廊道起到了较好的保护作用。再经监测门井空气声级，阀门开启和动水关闭过程中，闸顶没有异常响声，只是在关至 0.2 开度时空气声响相对增大，这一开度范围内下游检修门井水位处于迅速上升阶段，引起门井空气被排除，导致声响增大。

此次试验，检验了阀门以 t_v=4min 开至 n=0.3 开度后立即以 t_v=6min 动水关阀这一工况下的船闸水力学条件。通过对各门井水位、空化、启闭力、门楣通气量等资料的综合分析，说明该工况下，船闸输水系统及阀门水力学条件满足设计要求。

3.2.3 研究结论及应用效益

1. 结论

1）中间级闸首

表 3-13 汇总了阀门连续开启方式与推荐的间歇开启运行方式下水动力特征值对比。调试结果表明，无论是单侧还是双侧运行工况，采用阀门间歇开启运行方式，可显著改善阀门工作条件，同时输水时间及闸室停泊条件也可满足设计要求。在 47m 水头下双侧廊道运行，采用间歇开启方式，活塞杆窜动量、启门力脉动及廊道空化都较目前 40m 水头双侧运行工况相应值小，阀门运行更为平稳。因此，156m 水位下船闸四级运行，通过采取阀门间歇开启的运行方式，中间级闸首输水系统及阀门水力学条件可以满足要求。

2）六闸首末级运行

经过对六闸首泄水箱涵特殊水力学问题、双边正常运行工况六闸首输水系统水力特性及阀门工作条件以及紧急关阀工况六闸首输水系统水力特性及阀门工作条件试验分析，实测的 22.6m 设计水头左右及 23.5m 水头左右双边泄水工况输水系统特征值及阀门工作条件特征值见表 3-14 和表 3-15。

（1）六闸首由于超长泄水箱涵特殊水力学问题的存在而对动水关阀范围进行了限制，试验中探讨了运行规程所允许的在五闸首人字门合拢位丢失情况下，六闸首动水关阀工况的阀门工作条件。动水关阀过程中，阀门及杆件无异常振动，门楣通气能较好地适应紧急关阀工况，在关阀过程中，门楣通气量显著增加，较好地抑制了因门后压力降低而变强的阀门底缘空化。该紧急工况船闸输水系统及阀门水力学条件满足设计要求。

（2）与设计水头相比，23.5m 水头左右六闸首双边泄水工况的输水时间延长了 20s 左右，最大流量增大了 15m^3/s。六闸首阀门井最低水位与设计水头下相近，但下游检修门井最低水位下降较多，达 2.3m；阀门开启初期下游检修门井壅高值和泄水箱涵所承受的最大压差值较设计水头下提高了 0.25m；阀门启门力及廊道空化特性接近。

（3）在下游水位为 62.0m、最大工作水头 23.5m 这一最不利的水位组合下，双边正常泄水工况下阀门井最低水位预计为 59.61m，阀门全开后门顶最小淹没水深仅 3m 左右，门井水面漩滚较强，可能发生表面掺气现象，实际运行时应注意观察阀门及启闭机运行情况，必要时调整阀门运行方式。同时，为解决超泄问题而采取的提前关阀不会导致门后脱空现象，估计还有 0.012MPa 正压。

（4）87.53～64.82m 水位组合下，在五闸首人字门合拢位丢失时，六闸首阀门以 t_v=4min 开至 n=0.3 开度后立即以 t_v=6min 动水关阀这一工况下，阀门井最高水位可超过初始水位 0.77m，下游检修门井最低水位约为 54.0m，没有脱空，还有 0.025MPa 正压。启闭杆件始终保持拉力状态，门体及吊杆未出现较强振动。门楣通气措施能较好地适应紧急关阀工况，在关阀过程中，门楣通气量显著增加，最大通气量可达 0.46m^3/s，较好地抑制了阀门段廊道空化。该紧急工况船闸输水系统及阀门水力学工作条件满足设计要求。

表 3-13　各种水头不同开启方式下水动力特征值对比

工况	最大流量 / $m^3 \cdot s^{-1}$	输水时间 / s	分流口空化强度方均根值 A/B*	活塞杆窜动量				门井水位降落幅度 /m	门井水位波动方均根值			启门力		吊杆纵向振动方均根值 /g
				超过 10mm 次数	超过 20mm 次数	超过 30mm 次数	方均根值 / mm		北 3 下检 /m	北 4 下检 /m	北 5 阀门井 /m	最大脉动幅值 /kN	方均根值 /kN	
40m 双边连续开启	640	600	4.41/7.94	7	0	0	1.19	31.8	0.30	0.33	0.24	335.4	40.68	0.026
40m 双边间歇开启	520	641	1.90/3.51	3	0	0	0.74	25.6	0.26	0.30	0.20	202.7	21.38	0.024
45m 双边连续开启	680	614	8.64/13.95	25	0	0	1.82	36.2	0.48	0.40	0.34	410.1	46.09	0.041
45m 双边间歇开启	640	660	5.21/5.95	12	0	0	0.96	30.2	0.46	0.40	0.29	336.9	24.07	0.026
47m 双边连续开启	700	640	21.98/17.57	28	1	0	2.02	37.4	0.59	0.67	0.39	575.6	55.17	0.044
47m 双边间歇开启	640	648	2.35/5.43	12	0	0	1.15	30.1	0.43	0.62	0.26	298.9	27.70	0.031
40m 单边连续开启	350	1028	17.22/17.18	257	28	4	4.08	36.1	1.89	1.06	0.96	665.8	83.64	0.132
40m 单边间歇开启	310	1104	13.39/8.23	13	0	0	1.35	25.4	0.86	0.60	0.34	247.0	26.50	0.045
45m 单边间歇开启	340	1200	23.83/10.63	81	1	0	2.44	29.7	1.20	0.80	0.58	478.1	37.15	0.078

注：方均根值所取的时段为 110 ~ 410s。

*：A 为北 3 下游检修门井水听器监测值，B 为北 4 下游检修门井水听器监测值，单位均为 Pa。

表 3–14　双边泄水工况输水系统特征值

水头 /m	五闸室初始水位 /m	下游引航道初始水位 /m	输水时间 /min	最大流量 /$m^3 \cdot s^{-1}$	流量系数
22.66	88.22	64.79	11.83	595	0.78
23.43	87.42	64.76	12.18	610	0.78

表 3–15　双边泄水工况阀门工作条件特征值

水头 /m	阀门井最低水位 /m	下游检修门最高水位 /m	下游检修门最低水位 /m	箱涵最大压力差 /$m^3 \cdot s^{-1}$	启门力峰值 /kN	空化特性
22.66	62.50	70.20	57.80	5.41	910	全开后 2min 五闸室第一分流口空化
23.43	62.40	70.45	55.50	5.69	880	同上

2. 运行效益

三峡船闸完建期上游水位蓄高至 156m 时，与五级运行方式相比，船闸采用四级运行方式既可避免利用上游事故门挡水，缩短设备运行时间，又可将船舶待闸位置由上游靠船墩移至一闸室，节省船舶进闸时间，从而显著提高船闸通过能力。船闸采用四级运行方式，结合一闸室船舶待闸，船舶下行过闸闸次间隔时间为 70min，可比原闸次间隔时间 103min 缩短 33min，提高通过能力的效果显著。

3.3 上下游导航墙靠泊能力提升研究

3.3.1　研究背景

上游浮式导航墙布置在上游引航道左、右两侧，各长 250m，各由 4 个重力支墩和 4 节钢筋混凝土浮箱组成。浮箱单长有 51m 和 55m 两种，宽 9.4m，高 5m。上游导航墙布置在一闸首中隔墩中游，为混合式透水结构。下游导航墙布置在下游引航道左、右两侧，各长 196m，上游段 16m 为重力式结构，设有基础渗漏排水泵井和下游浮动式检修门槽，下游段 180m 为墩板式导航墙，共设 10 个重力式支墩，将导航墙分为 10 跨。下游浮式导航墙布置在六闸首中隔墩下游，顶部高程 84.0m，建基面高程 56.5m，浮式导航墙两侧和下游分别设有浮式检修门槽和浮式检修门门库。

三峡船闸原设计规划船型以通行长航大型船队为主，兼顾地方小型船舶过闸，双线船闸正常运行方式为单向运行、北上南下，船闸导航墙主要功能为供上下行船舶待闸停靠，按设计船队待泊要求其布置长度采用 180m。三峡船闸自 2003 年建成运行以来，由于水库蓄水、地区经济发展、水运优势发挥等原因，库区船舶的标准化、大型化得到了快速发展。在水库试验性蓄水 175m 水位后，库区已经出现了 6000 吨级、7000 吨级和 10 000 吨级自航船，可从宜昌直达重庆港。而大型船队数量却逐渐萎缩。随着过闸船舶增多，现有待闸设施无法满足一个闸室的待闸需求。需研究延长三峡船闸上下游导航墙待闸长度，满足待闸需求，以提升上下游导航墙靠泊能力，提高三峡工程航运效益。

三峡船闸闸室有效长度均为 280m，满足一个闸室待闸需求的导航墙长度至少为 280m，考虑到待闸泊位与人字闸门的安全距离，至少应预留 20～40m，因此待闸导航墙长度按 300～320m 区间设计。

3.3.2 上游导航墙靠泊能力提升研究

1. 基础条件

1）地质条件

上游引航道底高程 130.0m，地基条件较好，为弱风化带中部岩层，建基岩体单轴抗压强度约为 15～40MPa，地基承载能力可以达到 1.5MPa 以上，在靠近导航墙尾部有局部回填料。

2）水位条件

上游引航道水位主要受上游来水和三峡枢纽下泄流量控制，因此上游引航道最低水位采用汛期最低 145m，设计施工水位 146m。

3）荷载条件

船舶撞击力计算公式为：

$$F_c = 0.9KW^{\frac{2}{3}}$$

式中 F_c——船舶撞击力（kN）；

K——系数，闸室内取 1，引航道直线段取 1.67，引航道曲线段取 2；

W——船队排水量（t），本次设计取 14 000t。

根据公式计算得船舶撞击力为 901kN，折算为 90t。

船舶系缆力：25t。

4）波浪高度及压力

选择水位在 145～146m 期间施工，引航道宽度约 180～200m，受风浪影响较小，波浪高度小于 1m，且靠船墩前后波浪压力相差不大，因此不考虑波浪压力。

5）施工条件

因三峡船闸为多级船闸，通行方式为单向过闸，因此两线船闸相向运行，船闸运行方式正常运行情况下为北上南下。三峡船闸已成为长江黄金水道连接上下游的重要环节，不可能在加长靠船设施施工期全部断航，且施工场地不宜过多地占用引航道航宽。

2. 总体方案

上游引航道底部高程 131m，上游水位变化区间 145～175m，考虑到靠泊需要及水位变幅，提高上游引航道靠泊能力主要是延长导航墙长度。通过对上游基础条件进行研究，上游建设导航墙、靠船墩和趸船等方案是可行的。关于延长导航墙长度争取了多家单位意见，最终对支墩浮堤式导航墙建造方案、靠船墩建造方案和趸船建造方案进行研究。

1）支墩浮堤式导航墙建造方案

支墩浮堤式导航墙建造方案与现有导航墙建造方案一样，而且原有浮式导航墙是混凝土箱涵结构，尺寸为 55m×9.4m×5m（长 × 宽 × 高），体积 2585m^3，重量 1800t。船闸上游水位变幅达 40m，浮堤型式选用钢筋混凝土空腹箱型结构，堤长按导航要求定为 70m，分为 1 段，其中增设定位支墩 1 个，支墩断面尺寸长 10m，宽 8m；增设浮堤 1 个，浮堤断面采用矩形断面，堤长 60m，宽 9.4m，型深 5m，吃水约 3m。

建造方案为：采用钢板制作 12m×12m 的正方形筒和 10m×8m 的长方形筒，结构满足吊装和浇筑水下混凝土需要，高度分别为 6m 和 10m。上部采用现浇混凝土。浮堤长 60m，宽 9.4m，高 5m。

（1）结构形式。

如采用重力式桩，下部桩身基础位于高程 130m 的基础上，下部桩身结构为 12m×12m 的正方形，高度为 6m；上部桩身在 136m 的基础上，结构为 10m×8m 的长方形，高度为 10m。146m 以下均采用钢护筒整体模板进行水下混凝土浇筑，146～177.5m 浇筑普通混凝土。混凝土标号 C30 混凝土，支墩混凝土方量约 4184m^3。其中水下混凝土 1664m^3，水上混凝土 2520m^3。

（2）施工方案。

①制作整体模板。在金结加工厂将钢板加工成设计形状，单节高度 2m，运至三峡重件码头现场焊接成型，利用重件码头吊装上船运至施工现场，利用浮吊或船上起重机进行现场安装。重件码头见图 3-9。②现场安装前对需施工的基础部位进行水下清淤，清除该部位淤泥。③测量定位，完成现场安装工作。④浇筑水下混凝土，标号 C30。可以利用水上拌和楼或岸上拌和楼供应材料。

图 3-9 重件码头

（3）施工时间。

①整体模板制作 60 天。②基础处理 5 天。③整体模板安装 8 天。④水下混凝土浇筑 10 天。⑤水上混凝土浇筑分 10 层。第一至三层每层 3.5m，第四至十层每层 3m。包括立模板、安装预埋件、扎钢筋、浇筑混凝土等，每层按 5 天控制，4 天后拆除模板。⑥浮堤场地预制 60 天。运输及安装 10 天。

现场施工工期大约93天。

（4）费用估算。

建设5个靠船墩费用约为940万元。

2）靠船墩建造方案

整体模板方案为：采用钢板制作直径为8.6m的圆筒，结构满足吊装和浇筑水下混凝土需要，高度10m。上部采用现浇混凝土。

（1）结构形式。

如采用重力式桩，直径选用8.6m，桩身直接位于高程130m的基础上，采用圆形截面，航道底130～146m利用钢护筒整体模板进行水下混凝土浇筑，146～177.5m浇筑普通混凝土。混凝土标号C30，单桩混凝土方量约2757.85m^3。其中水下混凝土928.96m^3，水上混凝土1828.89m^3。

（2）施工方案。

①制作整体模板。在金结加工厂将钢板加工成设计形状，单节高度2m，运至三峡重件码头现场焊接成型，利用重件码头吊装上船运至施工现场，利用浮吊或船上起重机进行现场安装。②现场安装前对需施工的基础部位进行水下清淤，清除该部位淤泥。③测量定位，完成现场安装工作。④浇筑水下混凝土，标号C30。可以利用水上拌和楼或岸上拌和楼供应材料。

（3）施工时间。

①整体模板制作60天。②基础处理：每个靠船墩3天。③整体模板安装8天。④水下混凝土浇筑：每个靠船墩浇筑时间10天。⑤水上混凝土浇筑分10层。第一至三层每层3.5m，第四至十层每层3m。包括立模板、安装预埋件、扎钢筋、浇筑混凝土等，每层按5天控制，4天后拆除模板。

现场施工工期大约103天。

（4）费用估算。

建设3个靠船墩费用约为1022万元。

3）趸船建造方案

（1）结构形式。

考虑趸船的稳定性，趸船长度设计为70m，宽度设计为12m。钢结构趸船异地制作后拖运简单，因此采用钢结构形式相对较好。船为钢质、单底、单甲板、混合骨架式结构，全电焊结构，本船两舷均设成型橡胶护舷材，艏部甲板上设有锚，尾部设定位桩通过连接装置与浮堤系船柱连接，趸船在受到其他船舶撞击时可围绕连接桩的一根支柱作适当角度转动。

（2）施工方案。

根据项目施工设备、场地及工艺能力情况，船体结构采用分段建造的方法施工，将主船体分成3个大型分段，上建结构划分成一个整个分段，在船厂船台进行总装，分段制作在船厂分段制作区进行。管装、机装、电装及涂装采取分段预舾装施工；甲板机械、电气设备在分段吊装合拢相应阶段吊装就位；所有舾装、设备安装工程在码头完工和试验交验。

（3）施工时间。

造船厂制作时间8个月；趸船抛锚定位艉部连接装置安装、就位时间8天。总的时间约

250 天，现场安装时间约 8 天。

（4）费用估算。

趸船建造费用约 804 万元。

3. 比较分析

1）技术可行性

从技术看三个方案都是可行的，采用支墩浮堤式导航墙建造方案、靠船墩建造方案水下立模板施工难度大，对基础处理要求低，浇筑的混凝土直接与基础接触，但要求在水下混凝土浇筑过程中不能出现中断，必须连续浇筑，对施工设备和施工程序准备有更高要求；支墩浮堤式导航墙建造方案中的堤箱和趸船建造方案中的趸船在制作完成后拖运至三峡船闸上游引航道。

2）施工条件

支墩浮堤式导航墙建造方案、靠船墩建造方案均采用水下整体模板方案：仅需要水下基础清理，时间短，整体模板安装简单迅速，对基础要求不高，但都需要进行水下混凝土浇筑，浇筑水下混凝土量，需要在浇筑过程中保持连续浇筑；上部混凝土分 10 层现场浇筑。靠船墩建造方案无论混凝土浇筑总量、水上混凝土浇筑量和水下混凝土浇筑量均比支墩浮堤式导航墙建造方案大。趸船建造方案现场安装相对简单些。

3）对航运影响

支墩浮堤式导航墙建造方案、靠船墩建造方案现场施工开工时，需要对该部位设置浮标，进行交通管制，改变原有航行路线，船舶不能在此部位停靠，对下行船舶均有所影响。趸船建造方案现场安装期间，船闸采用南线上行、北线下行的过闸方式，未对通航造成影响。

三种方案对通航影响程度分别为 93 天、103 天和 250 天。

4）施工费用

支墩浮堤式导航墙建造方案、靠船墩建造方案临时设施及大型设备基本相同，支墩浮堤式导航墙建造方案施工费用 923 万元，靠船墩建造方案施工费用约 1023 万元，趸船建造方案约 804 万元，后期年维护费用约 20 万元。

5）综合比较

综合比较，趸船建造方案相对较优。

4. 趸船连接装置及趸船船体试验研究

1）趸船连接装置

三峡船闸浮堤运行水位变动快，且承受的主要荷载为波浪作用和船舶撞击等冲击荷载，这就要求浮堤连接结构除要适应趸船自由升降和摇摆、主要部件安装维护方便外，还能对浮堤动荷载具有一定的缓冲、消能和削峰作用。结合原有浮堤连接结构的成功经验，趸船与导向支墩采用独特的凹槽轮式支承弹性铰连接方案。为便于安装维护，支承导向装置布置于趸船一侧甲板上，由主支承、连接梁、支铰座和限位保护装置组成。主支承采用轮式弧面钢支承，上下升降阻力小，适应性较好。上游导航墙趸船布置图见图 3-10。

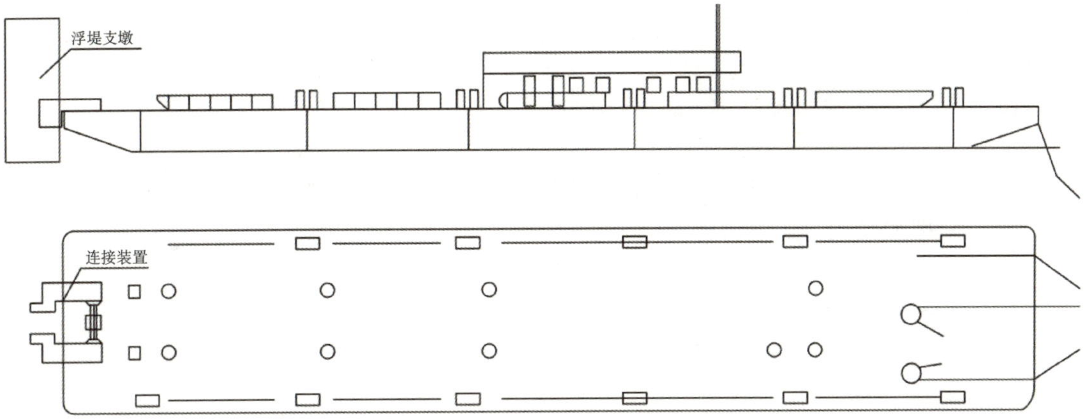

图 3-10 上游导航墙趸船布置图

2）趸船船体试验研究

（1）系泊试验研究。

对趸船主要尺寸、载重线标志、船体主要构件的规格、材料牌号及焊缝质量、水密试验结果等研究。检查全船舱室及门窗孔盖等设备的布置、安装质量及其完整性。检查栏杆、扶梯等是否安全，栏杆及扶手的外表面应光滑无毛刺。检查带缆桩等设备的安装位置及其数量、质量是否符合设计要求。检查系缆设备表面应无毛刺、锋角等缺陷。对系缆设备进行系岸实际操作试验。

（2）倾斜试验研究。

试验按 CB/T 3035—2005《船舶倾斜试验》要求进行，试验前的准备及试验程序均应满足该文件的要求。①试验前必须检查船体部分及各类设备的施工完整性与正确性，并使船处于空船状态。②试验应在平静天气时进行，风力不应大于 2 级，如条件确有困难，经验船部同意可不大于 3 级。③船舶应位于平静无潮流的水域，周围应没有或很少有来往航行的船舶，以免试验时受到潮流或来往船舶的干扰。对于具备船坞的地方，应尽量在船坞内进行试验。④船舶四周应有适当的水域空间，使船在试验过程中均处于自由浮动的状态，并保证船舶不致碰到船坞、码头、河底或其他船舶。⑤试验误差若大于 4%，应重新做。

3.3.3 下游导航墙靠泊能力研究

1. 基础条件

1）地形地质条件

下游引航道底高程 56.5m，地基条件较好，为弱风化带中部岩层，微新岩石顶面距航道底约 5m，建基岩体单轴抗压强度约为 15～40MPa，地基承载能力可以达到 1.5MPa 以上，在靠近导航墙尾部有局部回填料，航道边线距开挖岸坡约 10m。岸坡开挖位于变坡段附近，坡比 1∶1～1∶2。

2）水位条件

下游引航道水位主要受葛洲坝上游蓄水位和三峡枢纽下泄流量控制，因此下游引航道最低水位采用葛洲坝最低上游水位（63m），设计施工水位 64m；最高水位采用 1% 洪水三峡下泄流量 56 700m³/s 时的下游水位，也是三峡下游最高通航水位（73.8m）。

3）荷载条件

船舶撞击力计算公式为：

$$F_c = 0.9KW^{\frac{2}{3}}$$

式中 F_c——船舶撞击力（kN）；

K——系数，闸室内取 1，引航道直线段取 1.67，引航道曲线段取 2；

W——船队排水量（t），本次设计取 14 000t。

根据公式计算得船舶撞击力为 901kN，折算为 90t。

船舶系缆力：25t。

4）波浪高度及压力

引航道宽度约 180～200m，两岸高度相对较高，受风浪影响较小，波浪高度小于 1m，且靠船墩前后波浪压力相差不大，因此不考虑波浪压力。

5）施工条件

因三峡船闸为多级船闸，通行方式为单向过闸，因此两线船闸相向运行，船闸运行方式正常运行情况下为北上南下。三峡船闸已成为长江黄金水道连接上下游的重要环节，不可能在加长靠船设施施工期全部断航，且施工场地不宜过多地占用引航道航宽。

2. 下游导航墙靠泊能力方案研究

下游引航道底部高程 56.5m，水位变化区间 62～73.8m，口门宽度 200m。通过对下游引航道基础条件分析研究，下游引航道通过采用原有方式延长导航墙或者增设靠船墩，基础条件都满足，关于延长导航墙长度争取了多家单位意见，最终对墩板式结构导航墙、沉箱方案靠船墩和整体模板水下混凝土方案靠船墩进行研究。增设靠船设施平面布置图见图 3-11。

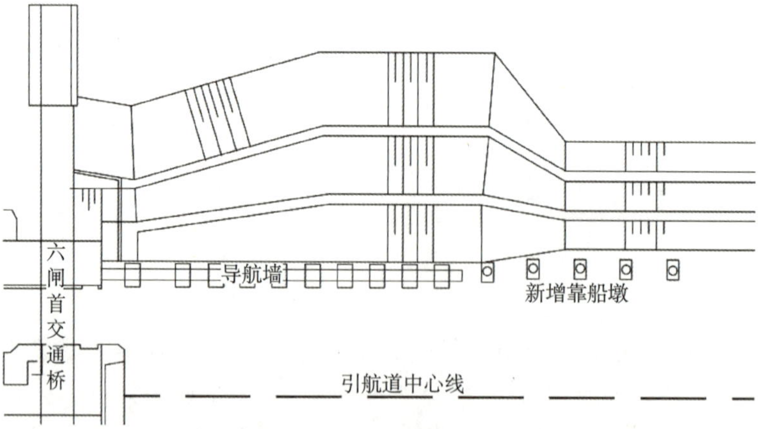

图 3-11 增设靠船设施平面布置图

1）墩板式结构导航墙方案

（1）原墩板式结构导航墙方案介绍。

原墩板式导航墙包括支墩和导航板两大部分，支墩建在基岩上，导航板搁置在支墩的板槽中。导航墙顶高程 76.3m，共设 10 个支墩，将导航墙板分为 10 跨，第 1 跨长 15.5m，第 2 跨长 22.9m，第 3 跨长 14.75m，其他跨长均为 13.75m。1、2 号支墩建基面高程 44.5m，其上为 3m 厚平面尺寸 12m×8m 的混凝土基础底板，高程 47.5～61.5m 为 4.6m×6m 的矩形混凝土墩，高程 61.5m 以上为 4.6m×4m 的矩形混凝土墩，其余支墩建基面高程 53.5m，其上为 3m 厚平面尺寸 12m×8m 的混凝土基础底板，高程 56.5m 以上变为 4m×4m 的方形混凝土墩。导航墙面板布置高程为 61.5～76.3m，高 14.8m，2 号面板跨度大，厚 1.6m，其余面板厚 1.2m。在墙顶设悬臂板作为墙顶交通，2 号面板悬臂长 1.4m，其余面板悬臂长 1.8m。支墩迎水面在高程 62.8～76.3m 每隔 1.6m 设一个固定式系船柱，1、2、4、6、8、10 号支墩背面布置爬梯。

（2）新建墩板式结构导航墙结构形式。

新建墩板式结构导航墙与现有导航墙的方案一样，导航墙顶高程为 76.3m，共设 7 个支墩，将导航墙板分为 6 跨，每跨长 16m。支墩建基面高程均为 53.5m，其上为 3m 厚平面尺寸 12m×8m 的混凝土基础底板，高程 56.5m 以上变为 4m×4m 的方形混凝土墩。导航墙面板布置高程为 61.5～76.3m，高 14.8m，面板厚为 1.2m，在墙顶设悬臂板作为墙顶交通。支墩迎水面在高程 62.8～76.3m 每隔 1.6m 设一个固定式系船柱，支墩背面布置爬梯。混凝土标号 C30，混凝土方量约 5333.7m^3。其中水下混凝土约 2832m^3，水上混凝土约 2501.7m^3。

（3）施工方案。

①制作整体模板。在金结加工厂将钢板加工成设计形状，单节高度 2m，运至三峡重件码头现场焊接成型，利用重件码头吊装上船运至施工现场，利用浮吊或船上起重机进行现场安装。②现场安装前对需施工的基础部位进行水下清淤，清除该部位淤泥。③测量定位，完成现场安装工作。④浇筑水下混凝土，标号 C30。可以利用水上拌和楼或岸上拌和楼供应材料。

（4）施工时间。

①整体模板制作 60 天。②基础处理 18 天。③整体模板安装 12 天。④水下混凝土浇筑时间 20 天。⑤水上混凝土浇筑分 4 层。第一层 63.5～65.6m 高程，第二层 65.6～69.8m 高程，第三层 69.8～73.2m 高程，第四层 73.2～76.5m 高程。包括立模板、安装系船柱、扎钢筋、浇筑混凝土等，每层按 5 天控制，4 天后拆除模板。

现场施工工期大约 80 天。

（5）费用估算。

建设费用约为 1064 万元。

2）沉箱方案

（1）结构形式。

考虑运输等因素，沉箱体积不能太大，重量应满足起吊和浮运要求，因此靠船墩按两截制作，下部高度应满足沉底后顶部位于常遇水位以上。沉箱底板厚 0.4m，箱壁厚 0.3m，正面宽 6m，侧面长 8m，中间纵横分隔，隔板厚 0.2m，局部 0.25m，形成“田”字形箱体，各边设计 0.3m×0.3m 贴角，高度方向设 3 道 0.3m 宽、0.2m 厚横梁，可以起到防止薄板失稳的作用，中间隔板的交叉点竖直埋设 200mm 直径 PVC 圆管，底端位于底板顶面附近，在接近底板处以 100mm 短管与 4 个箱体连接；每侧边设 3 个 60mm 顶底直通的灌浆管；正面中间部位在 63.5m 和 65.5m 高程设置两个系船柱；在顶面四角埋设吊环锚板，底部设 13 根

25mm 锚筋，两侧箱壁 65.7m 高程各设 4 个回填灌浆孔，用于沉箱内的填料下沉后的补充回填，维持上部混凝土结构与沉箱的连接，避免箱壁承担过大压力。下部沉箱混凝土标号 C30，上部实体混凝土采用 C20 混凝土。沉箱方案剖面图见图 3-12。

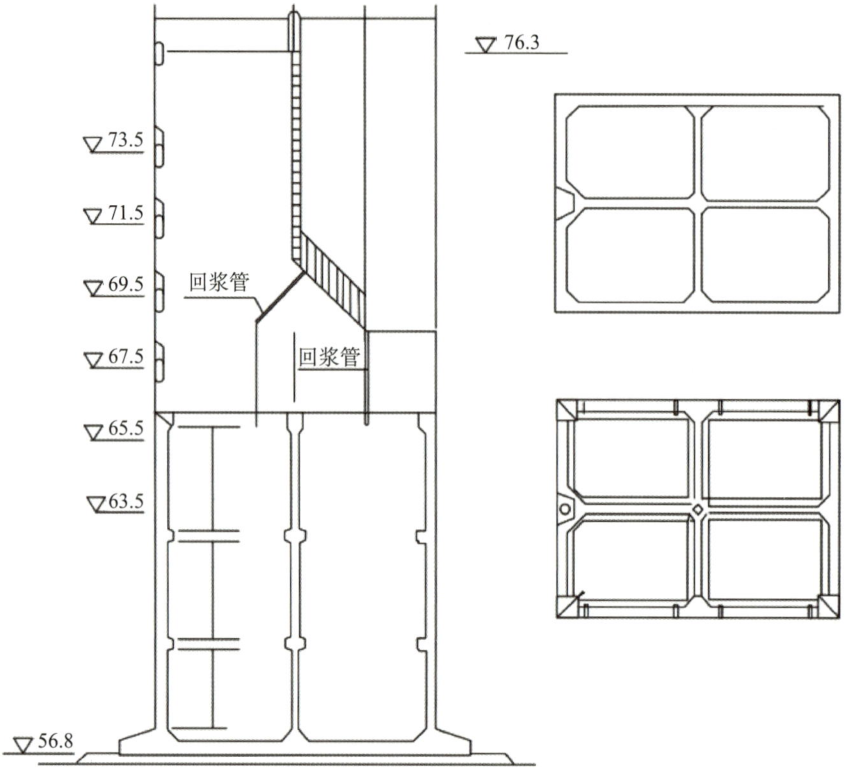

图 3-12　沉箱方案剖面图（单位：m）

（2）施工方案。

①沉箱预制。根据现在设计沉箱尺寸，其重量在 350t 左右，高度 9.5m，长度 10m，选定在重件码头部位进行预制。

②陆地运输。当沉箱预制完毕后，养护到龄期，从预制位置到桥机下可采用平板车运输。具体工艺为：将沉箱顶升 0.85m—平板车开入顶升的沉箱底部—沉箱回落到平板车上—拆除顶升装置—将沉箱拖运至码头吊装设备下—吊装入水。

沉箱的吊装考虑现场条件。码头吊装高度 13m，沉箱高 9.5m，平板车高 0.8m，可考虑沿短边在距侧墙 1m、顶部 2m 部位设置吊点，利用钢丝绳直接与行车吊点连接。

吊装入水：桥机吊起，水平运行至水面以上，垂直下降，在沉箱底板接近水面时尽量用较慢速度入水，再缓慢下降，当水面淹没至沉箱吃水线时，复核实际吃水与计算吃水的差别，以便采取增加浮筒或再向内充水等措施，最后脱钩，用缆绳与拖轮连接，慢速运送至船闸下游预定位置。

③基础处理。考虑下航道开挖的不平整度和泥沙沉积，首先用高压水将淤泥冲刷干净，在沉箱底部设置两片石垫层，最大粒径不大于 12cm，最小粒径 2cm，厚度 30cm，顶面高程 56.8m，由潜水员检查表面平整情况，并进行最后平整。

④沉放沉箱。根据计算，沉箱在水中吃水深度为 7.05m，因此最合适的沉箱下沉水位为 64.4～65.8m 范围，沉箱运送至指定位置后，由岸上的两台全站仪进行准确定位，满足要求后，对箱体进行充水，使沉箱缓慢下降，在底面与垫层接触后再次检查定位精度，如发生偏移，可适当从箱内抽水调整位置后重新下沉。沉箱放稳后，为保证底部受力均匀，利用两边的 6 个灌浆孔视进浆情况灌注水泥砂浆或 1∶1 浓水泥浆，灌浆压力 0.035MPa，期间要时刻注意箱体的变形情况，防止抬动。

⑤回填砂石料。待灌浆材料凝固后，首先在箱底填筑 100cm 碎石，再回填砂石料至 65.9m 高程。

⑥浇筑上部混凝土。首先按结构尺寸绑扎钢筋、安装系船柱、立模、浇筑混凝土。为保证上部混凝土结构与箱体的整体性，箱体钢筋与上部钢筋连接。

（3）施工时间。

①沉箱预制 60 天。②施工准备、设置航行标识、施工船舶进场等 1 天。③基础处理（清淤、抛石、整平、安装）：每个靠船墩需 6 天左右。④基础灌浆：灌浆时间 1 天，考虑需要一定的强度再进行回填，需 4 天，共计 5 天。⑤回填沙石材料每个 2 天。⑥沉箱上部混凝土施工：每个靠船墩上部分 3 层浇筑，第一层 66.5～69.8m 高程，第二层 69.8～73.2m 高程，第三层 73.2～76.5m 高程。包括立模板、安装系船柱、扎钢筋、浇筑混凝土等，每层 5 天，最后拆除模板，施工船舶撤离现场 2 天。

现场施工时间从现场设置航行标识开始，全部浇筑完成约 52 天时间。

（4）费用估算。

沉箱方案施工费用约 804 万元。

3）整体模板水下混凝土方案

整体模板方案为：采用钢板制作直径为 8.6m 的圆筒，结构满足吊装和浇筑水下混凝土需要，高度 10m。上部采用现浇混凝土。

（1）结构形式。

如采用重力式桩，直径选用 8.6m，桩身直接位于高程 56.5m 的基础上，采用圆形截面，航道底 56.5～62.5m 高程利用钢护筒整体模板进行水下混凝土浇筑，62.5m 高程至水面浇筑普通混凝土。63.5～76.3m 高程水平间距 2m 布设 7 个系船柱，混凝土标号 C30，单桩混凝土方量约 1000m^3。其中水下混凝土 400m^3，水上混凝土 600m^3。整体模板浇筑结构见图 3-13。

（2）施工方案。

①制作整体模板。在金结加工厂将钢板加工成设计形状，单节高度 2m，运至三峡重件码头现场焊接成型，利用重件码头吊装上船运至施工现场，利用浮吊或船上吊车进行现场安装。②现场安装前对需施工的基础部位进行水下清淤，清除该部位淤泥。③测量定位，完成现场安装工作。④浇筑水下混凝土，标号 C30。可以利用水上拌和楼或岸上拌和楼供应材料。

（3）施工时间。

①整体模板制作 30 天。②基础处理：每个靠船墩 1 天。③整体模板安装 4 天。④水下混凝土浇筑：每个靠船墩浇筑时间 1 天。⑤水上混凝土浇筑分 4 层。第一层 63.5～65.6m 高程，第二层 65.6～69.8m 高程，第三层 69.8～73.2m 高程，第四层 73.2～76.5m 高程。包括立模板、安装系船柱、扎钢筋、浇筑混凝土等每层按 5 天控制，4 天后拆除模板。

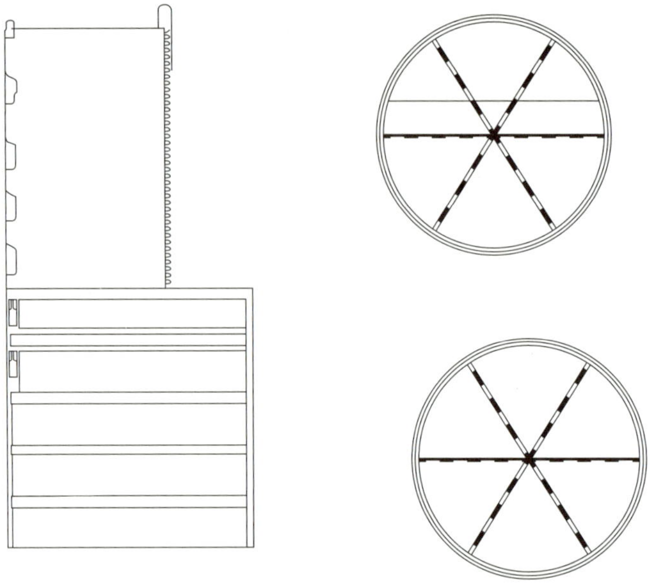

图 3–13　整体模板浇筑结构

现场施工工期大约 48 天。

（4）费用估算。

建设 5 个靠船墩费用约为 803 万元。

3. 下游导航墙靠泊能力方案研究比较分析

1）技术可行性

从技术看三个方案都是可行的，沉箱抛石基础在航道底以上，长期运行后由于清淤或船舶航行时水流扰动，细粒渗出存在一定风险；墩板式结构导航墙方案和整体模板水下混凝土方案水下立模板施工难度大，对基础处理要求低，浇筑的混凝土直接与基础接触，要求在水下混凝土浇筑过程中不能出现中断，必须连续浇筑，对施工设备和施工程序准备有更高要求。墩板式结构导航墙方案相比整体模板水下混凝土方案来说，水下立模板施工难度更大。

2）施工条件

沉箱方案：沉箱在重件码头预制，不需浇筑水下混凝土，但需要进行基础清理、抛石，基础整平要求高，沉箱安装定位水下作业不确定因素多，有一定的困难，时间较长。上部混凝土需分 3 层现场浇筑。

墩板式结构导航墙方案和整体模板方案：仅需要进行水下基础清理，时间短，整体模板安装简单迅速，对基础要求不高，但需要进行水下混凝土浇筑，每次浇筑水下混凝土 400m^3，需要在浇筑过程中保持连续浇筑。上部混凝土分 4 层现场浇筑，第一层利用钢筒做模板（也可优化该层的系船柱安装，浇筑水下混凝土，减少该层的浇筑时间）。墩板式结构导航墙方案模板安装量相对较大。

沉箱方案整个项目施工过程比较复杂，组织管理工作量较大，在沉放定位时，沉箱整体重量大，调整移动较整体模板方案困难。整体模板方案整个项目施工过程相对墩板式结构导航墙方案和沉箱方案简单，组织管理工作量小一些。

3）水上混凝土浇筑方式

沉箱方案：可以采用水上船用搅拌设备，属于混凝土搅拌站（楼）供料，直接用混凝土泵入仓，这种方式现场基本无临时设施，而且能保证混凝土质量，但需要调遣该设备，且该设备需占用一定的航道宽度。

墩板式结构导航墙方案和整体模板方案：采用钢管立柱和贝雷架搭设水上施工平台和泵管临时通道。水上平台沿每个墩基四周搭设一圈，平台宽 3m，并在墩基岸侧将 5 个墩基的施工平台间搭设通道连接在一起，通道结构形式与平台相同，并从中间的一个墩基施工平台至岸上采用相同形式搭设泵管架设临时通道。平台及通道铺设小槽钢和木枋格栅后满铺木跳板。施工平台及泵管架立面图见图 3-14。

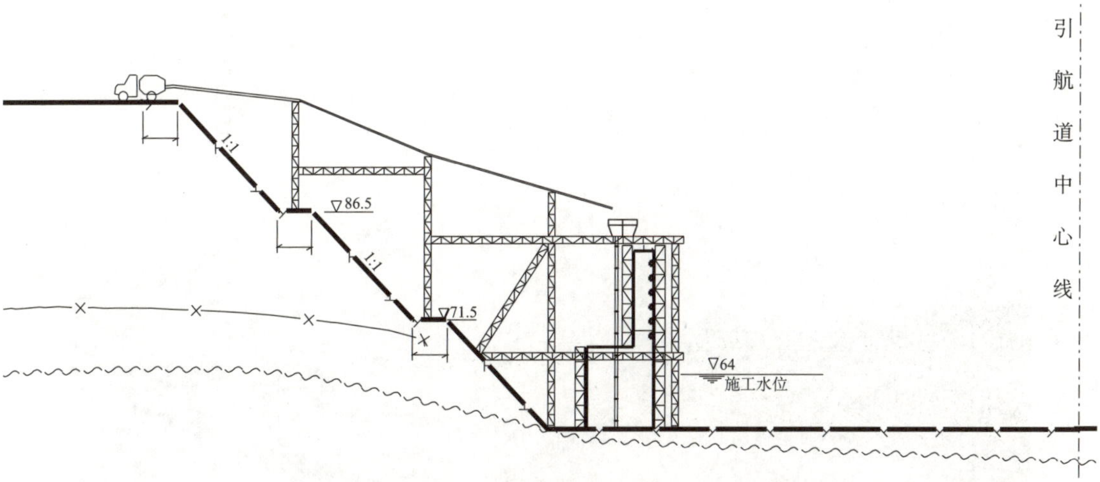

图 3-14 施工平台及泵管架设立面图（单位：m）

水上混凝土浇筑方面两个方案没有本质区别，但采用沉箱方案需占用一定宽度的航道。

4）对航运影响

无论何种方案，现场施工开工时，都需要对该部位设置浮标，进行交通管制，改变原有航行路线，船舶不能在此部位停靠。对上行船舶均有所影响。

墩板式结构导航墙方案：现场施工 80 天，施工过程不需另外进行航道管制。

沉箱方案：现场施工 52 天，施工过程中，沉箱在浮运过程中需另外进行航行管制 5 次。

整体模板方案：现场施工 48 天，施工过程不需另外进行航行管制。

整体模板方案施工时间相对更短，对通航的影响时间短些。

5）施工费用

临时设施及大型设备三个方案基本相同，主要是现场吊装设备、水上混凝土搅拌站、潜水作业等都需要，沉箱方案还需要预制模板、重件吊运等，墩板式结构导航墙方案费用较高，沉箱方案和整体模板方案费用基本相同，相差很小。

6）综合比较

综合比较，整体模板水下混凝土浇筑方案相对较优。

3.3.4 应用成效

增设导航墙可显著提高船闸的通航能力。无论是正常天气还是大风大雾条件下，通过延长导航墙设施形成储备闸次，采取同步进出闸等方式，优化船舶过闸流程，可以缩短进出闸移泊时间，增加船闸运行闸次，提高船闸通过能力。

延长导航墙设施满足两个闸次待闸需要，能同时满足船舶单向同步进出闸对储备闸次数量的需要。在引航道设置专用的待闸集泊区和停靠区，延长导航墙设施长度，能停靠两个闸室的待闸船舶，保证各功能区紧密衔接和配套运行，充分发挥枢纽工程通航效益。

上游增设趸船、下游增设靠船墩工程的实施，有效延长了船闸导航设施，满足一个闸次过闸船舶的待闸要求，缩短了过闸船舶待闸距离，进而缩短了闸次间隔时间，可提高三峡船闸日单向运行 1～2 个闸次，提高船闸年货运通过能力约 800 万 t。下游导航墙增设靠船墩后过闸船舶待闸图见图 3-15。

图 3-15　下游导航墙增设靠船墩后过闸船舶待闸

3.4 大型陶瓷活塞杆卧式启闭机油缸国产化研制

3.4.1 人字门油缸活塞杆及其国产化背景

液压启闭机油缸按活塞杆防腐技术可分为镀铬、整体不锈钢镀硬铬、堆焊不锈钢、高速火焰喷涂镍铬底层 + 镀硬铬面层、工程陶瓷涂层（简称陶瓷）、粉末焊接涂层等形成的活塞杆油缸。镀铬防腐是历史悠久且应用广泛的防腐技术。20 世纪 90 年代，陶瓷涂层应用到活塞杆上，它的耐冲击能力、抗弯强度及对金属的黏合力足以承受在活塞杆机械强度极限之内的冲击力和负荷，同时对液压油缸的密封圈和支承无不良影响及损害，可延长使用寿命。

三峡船闸人字门启闭机油缸选用镀铬活塞杆油缸、陶瓷活塞杆油缸。其中，第一、第二闸首为 G 国的大型陶瓷活塞杆油缸，采购价格高且存在技术壁垒；其余闸首为国产镀铬活塞杆油缸。G 国陶瓷活塞杆油缸的不断推出就是通过不同的喷涂工艺、材料进一步提高涂层间及与母材的结合强度、减少孔隙率并提高抗腐蚀性和耐磨性的发展过程。水电工程一般使用 CEC1 系列，第一、第二闸首油缸陶瓷涂层表面材料为 Cr_2O_3 与 TiO_2，涂层表面总厚度大于 500μm，*Ra* 为 0.3，硬度大于 60HRC。

三峡船闸人字门启闭机油缸采用“采购成套备品—整体更换—返厂检修”的检修模式。原计划向原厂家再采购一套备用油缸，但经询价及合同谈判，该公司产品价格居高不下，且对其油缸部件生产及行程检测装置等进行了技术封锁。启闭机油缸作为三峡船闸的关键核心设备，其零部件及行程检测装置的技术封锁给后续维护工作带来非常大的障碍，尤其是行程检测装置相对易损，其技术封锁可能会对船闸运行产生不利影响。近年来，国内有厂家开始研制陶瓷活塞杆启闭机油缸。为突破国外的技术封锁，在国内现有基础上，亟须开展大型卧式油缸的陶瓷活塞杆研制工作。

3.4.2 研制过程

1）设计性能参数

第一、第二闸首人字门最大淹没水深达 36m，要求的液压启闭机油缸技术特性见表 3-16。活塞杆计算长细比 $\lambda<140$。当闸室超灌形成 0.2m 反向水头（活塞杆受压荷载 2700kN）时，活塞杆受压极限荷载安全系数 $n>5.5$；当闸室超灌形成 0.4m 反向水头（活塞杆最大受压荷载 5530kN）时，活塞杆受压极限荷载安全系数 $n>2.8$。

表 3-16　第一、第二闸首人字门液压启闭机油缸技术特性

参数名称	参数值
人字门最大淹没水深	36m
额定启门力	2100kN
额定闭门力	2700kN
工作行程	7276mm
最大行程	7790mm
启门时间	6min
闭门时间	6min
启闭门速度	按给定的 *v-t* 曲线运行
活塞杆最大受压荷载	5530kN
计算工作油压	≤ 16MPa

续表

参数名称	参数值
活塞杆计算细长比	≤ 140
缸体内表面及活塞杆表面粗糙度	*Ra* ≤ 0.35μm
油管压力	公称压力≥ 25MPa

2）陶瓷活塞杆

从 2006 年开始，国内已有厂家开始进行陶瓷活塞杆启闭机油缸研制。热喷涂一般包含喷涂镍铬结合层、喷涂陶瓷层两个阶段。首先喷涂镍铬结合层的目的是在活塞杆基体表面附加一层耐腐蚀保护层。经调研，国内 A 厂采用等离子热喷涂镍铬结合层、等离子热喷涂陶瓷层，B 厂采用超音速火焰热喷涂镍铬结合层、等离子热喷涂陶瓷层。其主要区别在于不同镍铬结合层喷涂工艺下，镍铬结合层的致密度不同，进而影响防腐性能。经调研及谈判，本次人字门油缸活塞杆国产化选择等离子热喷涂镍铬结合层的工艺。要求基体材料性能不低于 40Cr 钢调质后的性能，活塞杆导向段外径公差不低于 7 级，圆度公差不低于 8 级。母线直线度公差不大于 1000：0.1，全长上不大于 0.25mm。陶瓷涂层厚度检测见图 3-16，电化学电势试验见图 3-17。

图 3-16　陶瓷涂层厚度检测

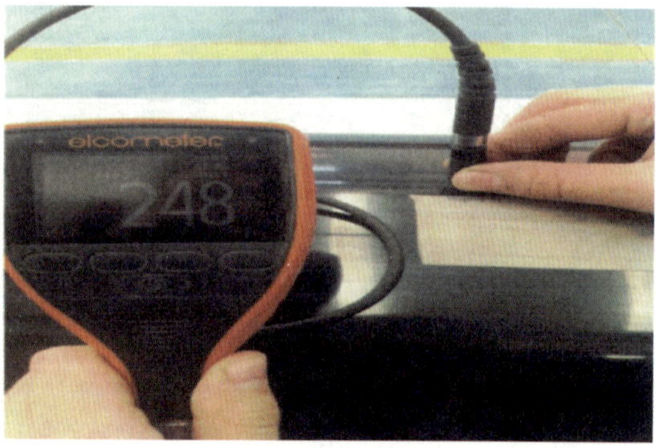

图 3-17　电化学电势试验

3）缸筒等其他零部件

根据油缸技术特性，缸筒材料应采用 45 号钢整段无缝钢管或 45 号钢锻件，机械性能不低于 45 号钢正火后的技术性能。内径尺寸公差、圆度公差不低于 8 级；内表面母线的直线度公差不大于 1000：0.15，全长上不大于 0.25mm；法兰端面对缸体轴线全跳动公差不大于 8 级。缸盖材料性能不低于 45 号钢锻件正火后的机械性能。上下缸盖与相关件配合和圆柱度公差不低于 8 级，同轴度公差不低于 7 级；上下缸盖与缸体配合面对缸盖轴线跳动公差不低于 8 级。活塞杆导向套、活塞与缸筒、活塞杆相匹配。油缸动密封件在油缸额定工作压力至 31.5MPa 压力时，均应有良好的密封性能，油缸启动压力小于或等于 0.5MPa。

4）行程检测

原第一、第二闸首陶瓷活塞杆油缸配套的行程检测传感器采用油缸生产厂家自有产品，与本次研制所选用的行程检测装置主要存在两点不同：①两者在 PLC 高速计数模块中的输出信号参数设置不同。本次研制所选传感器设置 24V 信号格式，原传感器设置 5V 信号格式。②两者的测量精度不同。本次研制所选传感器采用直接脉冲计数格式，分辨率为 10 个脉冲 / cm；原传感器采用 RS422 脉冲编码格式，分辨率为 1024 个脉冲 / cm。

为便于两种传感器的互换，减少备用油缸更换对运行的影响，需对第一、第二闸首相应侧现地站软硬件进行修改，使系统兼容两种不同格式的行程检测装置，将两种液压缸全行程所对应的脉冲数作为一个可设置的参数从触摸屏进行设置。这样一旦更换不同的启闭机油缸，只需在触摸屏上重新调整相关参数设置，无需再改动程序，以减少船闸的维修时间。为此，新增了 PLC 检测模块，修改现地 PLC 控制软件，更改现地柜接线。

3.4.3　应用情况

自 2013 年 9 月投入使用后，国产大型陶瓷活塞杆卧式启闭机油缸运行稳定。国产大型陶瓷活塞杆卧式启闭机油缸单套设备价格约为同类进口设备的五分之一。三峡船闸大型陶瓷活塞杆卧式启闭机油缸国产化大大降低了同类设备的采购成本，提高了国产大型陶瓷活塞杆油缸的制造水平，为今后此类设备的运行检修和更新提供了可靠保障。

3.5　长寿命顶、底枢密封圈

3.5.1　研究背景

三峡船闸人字闸门的运行是由液压油缸驱动以顶、底枢为转动轴的人字闸门启闭实现的。人字闸门设计寿命为 50 年，但顶、底枢轴承需定期检查磨损情况、补充自润滑材料、更换密封圈。其中，人字门顶、底枢密封圈为 R 国产品，设计寿命为 10 年，需及时停航更换。顶、底枢密封设计寿命是延长检修周期的关键因素。同时，作为船闸检修的关键零部件，船闸顶、底枢密封圈必须实现自主研制，将制造技术掌握在自己手中，避免船闸关键零部件的制造受制于他国，控制采购过程中的风险，保证检修工作的计划性和可控性。

根据人字闸门运行频次与启闭机油缸、轴承等其余零部件的运行环境、设计寿命等因素，考虑将顶、底枢密封圈设计寿命优化至不少于 20 年，以实现人字门启闭机构检修周期的基本同步，并进行国产化。

3.5.2　研究情况

1）形式与运行环境

（1）形式。

顶枢密封圈为 V 形密封圈，安装于人字门顶部的轴承，其主要作用是防止异物进入顶枢轴承与轴之间。因其结构、使用环境相对简单，长寿命产品国产化的任务仅在材质，与底枢可一并考虑，以下不单独介绍。

底枢密封圈为组合密封圈，水深 0～36m 环境下使用，底枢密封圈见图 3-18。

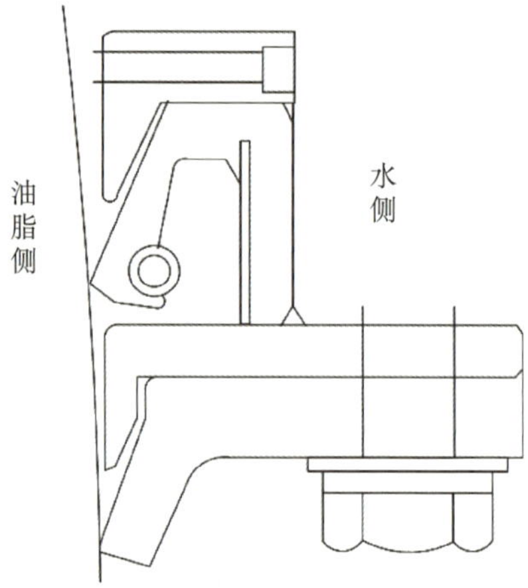

图 3-18　底枢密封圈示意图

（2）运行环境。

三峡船闸人字门底枢运行参数：67.5° 摆动，运行 44 次 / 天。多年平均含沙量 1.2kg/m³；汛期多年平均含沙量 1.61kg/m³；实测最大含沙量 10.5kg/m³；泥沙矿物成分：石英 21.99%，长石 62.65%，其他矿物 15.36%。泥沙的摩氏硬度为 5～7。坝址处河水 pH 值 7.6～8.1，总硬度 72.6mg/L，总碱度 65.5mg/L，多年平均河水水温 17.9℃，历年最高河水水温 29.5℃，历年最低河水水温 1.4℃。

2）国内长寿命大尺寸密封圈制造情况

关于长寿命密封件，咨询原供应商时，该单位指出：在人字门底枢密封圈的运行工况和使用环境下，氢化丁腈橡胶（HNBR）密封圈可以使用 20 年，氟橡胶（FKM）密封圈可以使用 50 年。

从 2013 年底开始，分批次调研了国内的橡胶制品研究所、轴承制造厂家、水电行业橡塑密封厂家、机械密封制造厂家。HNBR 和 FKM 属于成熟材料，国内厂家具备生产、加工能力，但密封性能会略有差异，真实寿命会因为配方、结构和工艺不同略有偏差。另外，这两种材料并无特别之处，在人字门底枢密封圈的运行工况和使用环境下，可能会达到 20 年，但在其他工况下也可能不到 10 年。国内制造厂不推荐使用 FKM 作为底枢密封圈材料。首先，FKM 的耐磨性较差；其次，FKM 相对其他材料耐高温、耐化学介质的特性在底枢密封圈的使用条件下并无特别优势，综合效益不突出。国内厂家具备生产 HNBR、FKM 等材质密封圈的能力。另外，国内厂家也推荐使用聚醚聚氨酯（PU）（该材料硬度大、弹性模量大，密封性能通过微调密封圈唇口结构保证，是否使用存在较大争议），并保证使用寿命不低于 20 年。

密封圈国产化带来的最大问题是轴承生产厂家不再承诺轴承的使用寿命，不再提供轴承的售后服务，密封圈生产厂家也不会对轴承使用情况负责。另外，橡胶制品的寿命没有检测标准，耐磨性、抗老化能力和材料的性能指标也仅是对试件进行相关试验。密封圈厂家均是基于三峡船闸人字闸门的运行特点和水质等情况以及相应产品的性能推算寿命，均不承诺产品的使用寿命。同时，国内具备直径 1m 的密封圈制造能力的厂家不多。综合考虑，向某机械密封制造厂家采购长寿命顶底、枢密封件。

3）密封材料、实验与加工制造

在确定材料及配方之前，组织开展了拉伸强度、拉断伸长率以及耐水预测寿命等试验。

其中，寿命预测以拉断伸长率为研究对象，辅以硬度变化参考，按照线性递减趋势，进行最小二乘估算。试验结果见表 3-17。根据实验结果，选取了 HNBR2 号作为三峡船闸长寿命顶底枢密封圈材料。

密封主要材料确定后，厂家进行结构设计时，对密封圈骨架进行了优化。原底枢密封骨架钢带留有缺口，未形成 O 形。因国内该材料形式、浇筑工艺、模具等与 R 国产品工艺存在一定差别，某机械密封制造厂家从结构设计入手，采用了 O 形钢带，通过调整钢带外侧橡胶厚度以同时满足密封性能和安装的要求。

表 3-17 材料配方确定时的试验结果

序号	检测项目	HNBR1 号	HNBR2 号
1	硬度，Shore A	76	78
2	拉伸强度 /MPa	18.4	18.2
3	拉断伸长率 /%	164	319
4	20℃耐水预测寿命	18 年 63 天	20 年 269 天

3.5.3 使用情况

国产的长寿命顶、底枢密封件于 2015 年三峡南线船闸计划性检修时，在 4 扇人字门成功使用后，2017 年、2018 年计划性停航检修期间进一步投入使用，具体使用情况见表 3-18。截至 2020 年 1 月，采用国产的长寿命顶、底枢密封件的人字闸门运行正常。

表 3-18 国产长寿命顶、底枢密封件使用情况

序号	时间	部位
1	2015 年	南线船闸第三、第五闸首
2	2017 年	北线船闸第一、第三、第四、第五闸首
3	2018 年	南线船闸第一、第二、第四闸首

3.6 人字门启闭机油缸联门轴关节轴承换型

3.6.1 轴承使用情况

三峡船闸人字门启闭机油缸联门轴关节轴承属油缸的附件，建设期随油缸一并采购。该轴承为 S 公司产品，属于 GE 系列。三峡南线船闸 2012 年岁修和历次对人字门启闭机油缸联门轴拆检情况发现，大部分 S 公司关节轴承存在摩擦面生锈、PTFE 自润滑材料脱落失效等问题。鉴于船闸人字门启闭机的重要性且数量多，有必要研究使用寿命更长的联门轴关节轴承，改善人字门油缸工作条件。

3.6.2 初期选用的轴承技术特性与尺寸及参数

三峡船闸人字门启闭机油缸有 3 种规格。相应地，人字门联门轴关节轴承也有 3 种规格。油缸规格分类及主要特性参数见表 3-19。

表 3-19 各闸首人字门液压启闭机液压油缸主要技术特性参数

项目名称	第一、二闸首	第三至五闸首	第六闸首
启门力 /kN	2100	2100	2100
闭门力 /kN	2700	1700	1700
活塞杆最大受压荷载 /kN	5530	3000	4000
缸径 /mm	580	540	560
杆径 /mm	380	340	360
工作行程 /mm	7276	7276	7276
全行程 /mm	7790	7790	7790
杆腔计算压力 /MPa	14	15.2	14.6
无杆腔计算压力 /MPa	10.3	7.5	7
非工作负载无杆腔承受压力 /MPa	21	13.1	16.2
启门时间 /min	6	3.5	3.5
闭门时间 /min	6	4	4
联门轴关节轴承	GE380TX-2RS	GE300TX-2RS	GE320TX-2RS

油缸设计采用 S 公司 GE××× TA-2RS 自润滑关节轴承，该轴承内外圈均为轴承钢，球面镀硬铬处理，外圈粘贴了自润滑滑动材料（PTFE），内外圈两侧设置了唇形密封，防止杂物进入。2004 年，S 公司轴承型号优化为 GE××× TXA-2RS，性能基本不变。其尺寸与载荷说明见图 3-19 和表 3-20。

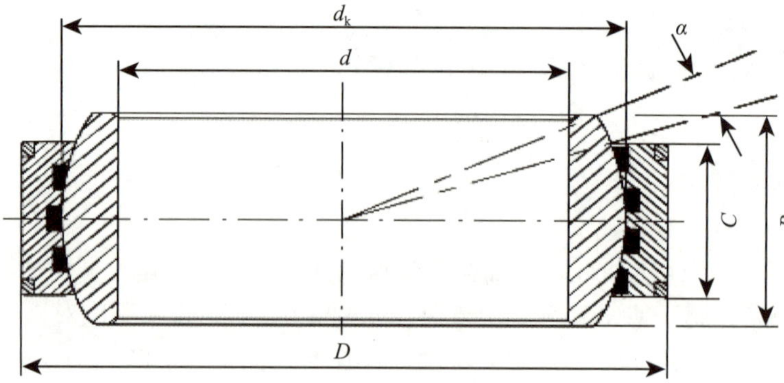

图 3-19 S 公司轴承尺寸示意图

表 3-20 人字门联门轴关节轴承尺寸与载荷

尺寸					载荷	
d/mm	d_k/mm	*D*/mm	*B*/mm	*C*/mm	动载 /kN	静载 /kN
300	375	430	165	120	10 800	18 000
320	380	440	160	135	14 000	23 200
380	450	520	190	160	19 300	32 500

3.6.3 同种类型的其他轴承

1）I 公司轴承

I 公司生产 GE×××UK-2RS、GE×××DW-2RS 自润滑关节轴承。该轴承内外圈均为轴承钢，球面镀硬铬处理，外圈粘贴有自润滑滑动材料（Elgoglide 专利技术），内外圈两侧设置了唇形密封，防止杂物进入。其尺寸与载荷说明见表 3-21。

表 3-21 I 公司相应自润滑轴承尺寸与载荷

尺寸					载荷	
d/mm	d_k/mm	*D*/mm	*B*/mm	*C*/mm	动载 /kN	静载 /kN
300	375	430	165	120	10 800	18 000
320	380	440	160	135	12 920	21 540
380	450	520	190	160	18 680	31 140

2）D 公司轴承

D 公司生产的球面窄系列轴承与 S 公司 GE×××TA-2RS 自润滑关节轴承类似。该轴承外圈为轴承钢镀铬，内圈为高耐磨性铸造青铜合金，并均匀镶配有固体润滑块，运行时可保证内外圈之间始终形成固体润滑剂移动膜，同时还能够在润滑剂中容纳杂质颗粒。其尺寸与载荷说明见表 3-22。

表 3-22 D 公司相应自润滑轴承尺寸与载荷

尺寸					载荷	
d/mm	d_k/mm	*D*/mm	*B*/mm	*C*/mm	动载 /kN	静载 /kN
300	375	430	165	120	8100	13 500
320	380	440	160	135	9234	15 390
380	450	520	190	160	12 960	21 600

3）O 公司轴承

O 公司生产无铅固体润滑剂镶嵌型自润滑轴承。该轴承外圈为轴承钢镀铬处理，内圈为铜基材料，材质为#500sp1-SL464，并均匀镶配有SL464固体润滑块，运行时可保证内外圈之间始终形成固体润滑剂移动膜，同时还能够在润滑剂中容纳杂质颗粒。其尺寸与载荷说明见表3-23。

表3-23　O公司相应自润滑轴承尺寸与载荷

尺寸					载荷	
d/mm	d_k/mm	*D*/mm	*B*/mm	*C*/mm	动载 /kN	静载 /kN
300	390	430	212	195	1893	4000
320	400	460	160	135	2001	6122
380	470	540	190	160	2785	8519

3.6.4　轴承比选

油缸关节轴承的设计选型主要考虑联门轴受力载荷、轴承材料、轴承载荷等因素综合选取。按照活塞杆最大受压荷载，动载安全系数一般取2，可计算轴承的许用动载。通过上述四种轴承的比较，内外圈材料均为轴承钢的S公司、I公司产品均有很高的承载能力，I公司还有自润滑滑动材料Elgoglide的专利技术；O公司与D公司产品内圈材料均为铜合金，均匀镶嵌有固体润滑块，具有良好的自润滑性能，耐磨性较好，但是承载能力有明显的下降，O公司轴承的动载荷甚至只有S公司、I公司产品的1/4左右，但是O公司轴承的使用寿命在人字门顶枢轴承上有着优异的表现。

在现有的使用状况下，吊头、联门轴等零件不进行改动，综合比较各项参数，选用D公司glide型自润滑关节轴承。

3.6.5　使用情况

自2013年北线船闸计划性检修开始，对第三至第五闸首人字门联门轴关节轴承进行了更换，更换的产品为D公司glide型自润滑关节轴承。截至2020年1月，所更换的轴承运行正常，未发生异响、振动等情况。

3.7　新型浮式系船柱

3.7.1　船舶大型化产生系缆新要求

系船柱是安装在通航建筑物上用于船舶系缆的设施。在闸室或引航道中，通过缆绳，系泊船舶运动产生的作用力传到系船柱上，系船柱提供反作用力，控制船舶运动，避免其撞击闸门、闸墙。

系船柱主要有固定式系船柱和浮式系船柱两种。船闸水头大小是选择系船柱的关键。船闸水头较低时，通常使用固定系船柱。船闸水头较高时，通常使用浮式系船柱。随着船闸内水位的变化，缆绳需要更换系船柱，暂时解开缆绳时，会增加船舶的危险，浮式系船柱会随着水位变化自动调节，避免了上述问题。

三峡船闸输水系统采用了安全、有效的分散输水系统，但是，出水孔的出流仍有不均匀，进入闸室的水流不会完全平稳；各出水孔水流未完全扩散，尚带有一定的剩余能量；闸室内水流动时水面会产生一定的坡度，从而对过闸船舶产生波浪力和流速力。因此，各出水孔附近水面上将产生漩涡和紊动，紊流冲击船舶，将影响过闸船舶停泊的平稳性。

同时，在充泄水过程中，船舶沿闸墙做上升或下降移动。三峡船闸闸室充（泄）水过程中，船舶在闸室内上升（下降）20m 左右。这不仅要求船舶在闸室水平范围内定位，而且还必须让闸室内的船舶随闸室充泄水过程同步上升或下降。因此，在平面上，浮式系船柱需限定船舶的水平定位，保证船舶在水平范围内相对位置不变；在竖向，需连同船舶随闸室内的充泄水过程同步升降，达到确保船舶安全过闸的目的。因此，从功能上来讲，船闸浮式系船柱主要用于闸室充泄水时稳定闸室中的停靠船舶。

三峡船闸南、北线各 5 个闸室，闸室有效长度均为 280m。每个闸室每边墙各布置 11 个浮式系船柱，浮式系船柱设置在闸室墙身内的 Ω 形凹槽内，凹槽顺流向最大尺寸 1.33m，横河向最大深度 1.39m，凹槽底部距闸室底板 3m，竖向截面不变，至闸面，上覆盖板。凹槽井内的主要预埋件为导轨、护角。浮筒安装在井内，其滑轮限位于导轨，可沿着导轨上下滚动，浮式系船柱利用闸室内水对浮筒的浮力，与系船帽保持与水面相对位置不变并能顺利滑动。

三峡两线船闸 10 个闸室共计 220 个浮式系船柱，闸室原浮式系船柱为双层系船柱，横向系缆力为 50kN，纵向系缆力为 80kN，上、下层系缆桩距离水面高度分别为 2.8m 和 1m。

三峡船闸设计通过最大船舶为 1+4 × 3000t 船队，三峡蓄水成库后，航道条件得到根本性改善，随着我国经济高速发展，“西部大开发”“长江经济带”等国家战略推进，长江航运发展也发生了质的飞跃，长江船队已慢慢消失，过闸船舶大型化趋势十分明显，单船平均吨位由 2003 年的 1040t 上升到 2019 年的 4500t，其中 3000 吨级以上船舶比例由 2003 年的 0.5% 上升到 2019 的 70% 以上，5000 吨级以上船舶比例在 2019 年已达到 45% 以上。2003 年与 2019 年三峡船闸过坝船舶额定载重吨位艘次比例见表 3-24。随着长江航运的船舶的变化，船舶干舷高度、系缆力大幅增加，需研究提升三峡船闸原系船柱、原闸室系缆高度与强度，以提高系缆安全与效率，提高三峡工程航运效益。大型化船舶与系船柱见图 3-20。

表 3-24　2003 年与 2019 年三峡船闸过坝船舶额定载重吨位艘次比例

吨位级别	500t 以下	501～1000t	1001～2000t	2001～3000t	3001～4000t	4001～5000t	5001t 以上
2003 年占比 / %	39.67	29.82	21.64	6.41	2.47	0	0
2019 年占比 / %	0.27	0.41	7.44	18.46	15.94	12.37	45.12

图 3–20　大型化船舶与系船柱

3.7.2　浮式系船柱改造研究与实施

提高浮式系船柱系缆高度及系缆强度，简易方式就是增大系船柱浮筒直径与高度，同样也要求扩大系船柱导槽直径与高度，但浮式系船柱导槽埋件采用一期混凝土安装，三峡船闸目前基本处于满负荷运行状态，不允许单线船闸停航开展浮式系船柱导槽重建，受导槽结构限制，新型浮式系船柱设计面临一系列困难。

三峡船闸原浮式系船柱结构主要包括下层浮筒、上层三脚架、12 个导向轮以及 2 个系缆桩。若直接增加浮筒及三脚架长度，存在以下问题：第一，限于闸室水深，浮筒及三脚架长度太长，在低水位条件下，存在系船柱搁浅而挂住系缆船舶的风险；第二、三脚架加长，上层系缆桩的系缆强度难以进一步提升，且增加三脚架局部受力拉断而与浮筒断裂的风险；第三，经实船测试，现有船舶最大系缆力明显超过原浮式系船柱设计荷载，造成了系船柱导槽显著磨损，现在的系船柱导槽局部最大磨损量已超过 6mm，浮式系船柱导槽磨损造成系船柱上下导轨平面高低不平，增加了浮式系船柱卡阻窜动情况，浮筒及三脚架长度直接加长，局部受力力矩增加，系船柱卡阻情况将更加严重。

因此，对新型浮式系船柱设计及应用进行了专题研究。

1）新型浮式系船柱结构

浮式系船柱主要有单层单个系缆桩和两（多）层两（多）个系缆桩两种。单层单个系缆桩的浮式系船柱，不能适应不同高度船舶的系缆要求。两层两个系缆桩的浮式系船柱，或是距离水面高度不够，两个系缆桩高度落差小，适用船舶范围小；或是两个系缆桩有合适高度落差，但不能满足大型船舶的系缆要求，容易拉变形，导致系船柱上下卡阻。

鉴于过闸船舶规格尺寸存在差异，不同船舶干舷高度差别较大，三层系缆桩设计不一定能更好地适应满载、半载、空载情况下的系缆要求，且会使系船柱整体结构更复杂。另外，目前过闸空载船舶占少数，所以系缆桩仍采用两层设计，同时提高上下层系缆桩高度。

下层系缆桩仍设置在浮筒顶部。关于上层系缆桩，若继续采用三脚架结构，三脚架进一步加长，更容易卡阻；上层系缆桩相对三脚架支点力矩增加，容易拉断。

因此，对系船柱整体结构进行了重新设计，上下层结构相对独立，中间通过支柱连接，上下连接位置装配向心关节轴承。新结构既便于增强上层系缆结构强度，消除了拉断风险，又能减少上下层有卡阻时的相互干涉。新旧系船柱结构对比见图 3-21。

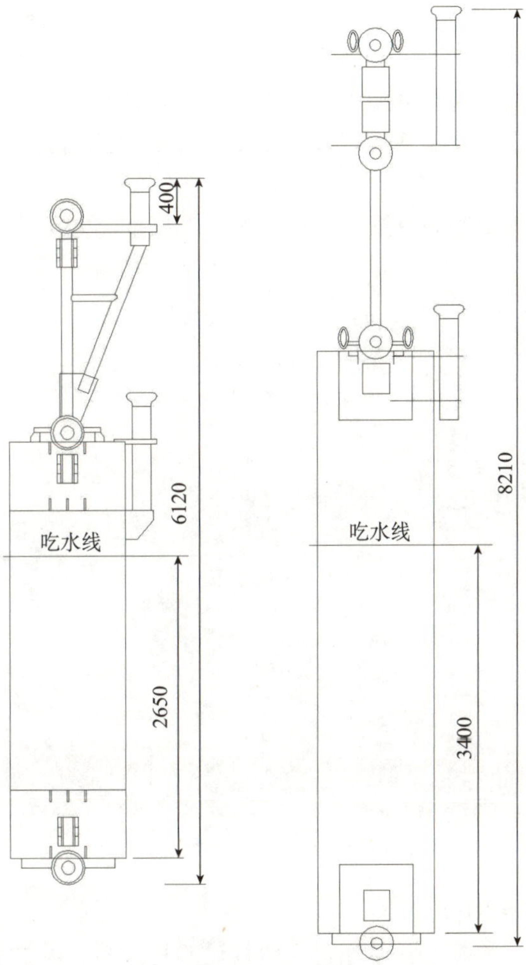

图 3-21　新旧系船柱结构对比（单位：mm）

2）新型浮式系船柱高度

经咨询过闸船舶意见，大型化船舶目前型深一般在 5m 以上，希望能尽量增加系缆高度，增加系缆桩层数，以满足不同船型以及船舶不同装载率情况下的系缆需求；也有建议提出系缆桩分三层，分别满足船舶满载、半载、空载情况下的系缆工况。

系船柱高度由吃水线以上及吃水线以下两部分组成，高度直接限制因素有两个：①闸室最低通航水深（水面距闸首人字门底槛深度）5m 时，水面距系船柱导槽底部 4m，所以系船柱浮筒吃水线以下长度应小于 4m。避免浮筒触底影响系缆安全，触底也会直接破坏浮筒结构。②闸室高水位，水面距闸面最小距离为 4m，若原闸室结构不变，系船柱水上高度应小于 4m。

系船柱导槽底部位于闸室内部，导槽加深改造需船闸长期停航，另外，导槽加深会破坏原有闸室衬砌结构，不利于船闸整体运行安全。因此，新型系船柱水下长度设置为 3.5m，留有 0.5m 安全余量。

保持闸室结构不变，系船柱吃水线以上高度应以 3.5m 为宜，相对于原高度 3.2m 增加量较小。因此研究延伸系船柱导槽顶部高度，局部移除和拆除闸顶混凝土护栏，在原有浮式系船柱槽顶部浇筑高 1.2m 的混凝土墩槽，将系船柱槽加高至与闸面护栏齐平。混凝土墩槽外轮廓尺寸为 2.6m × 1.8m（纵向 × 横向），内部开槽尺寸与原系船柱槽相同，并且对加高墩槽强度进行了计算复核，满足系缆强度要求。系船柱槽顶部浇筑加高施工采取专项安全措施后，不影响船舶过闸安全及船闸运行效率。系船柱槽顶部加高后，系船柱吃水线以上高度设置为 4.7m，相对原高度增加 1.5m，基本满足大型化船舶空载系缆要求；下层系缆桩高度 2.1m，满足大型船舶与小型船舶系缆需求。系船柱导槽加高效果图见图 3-22。

图 3-22　系船柱导槽加高效果图

3）新型浮式系船柱卡阻问题

在三峡船闸北五闸室进行了新型浮式系船柱试验性改造，结构强度显著提升。但因系船柱长度增加了 37%，所以其卡阻窜动情况相对严重，不利于运行安全。

经现场观察浮式系船柱拆解，分析认为，新型浮式系船柱卡阻原因除长度增加与导槽磨损之外，主要为导轮轴套不顺畅。试验性改造新型浮式系船柱导轮轴套为工程塑料合金，每套系船柱有 16 个滚轮，水上、水下各 8 个。水上 8 个轴套磨损相对严重，产生了轴与轴孔间隙；水下轴套卡死现象较多，主要由于工程塑料合金遇水膨胀以及泥沙淤积。系船柱改造施工见图 3-23。

为进一步提高新型浮式系船柱性能，需保证导轮上下滚动顺畅。对市场上能满足使用强度要求，且适用于水下环境的轴套产品进行了调研比对。滚轮轴套见图 3-24。滚轮轴套方案比选见表 3-25。

图 3–23 系船柱改造施工

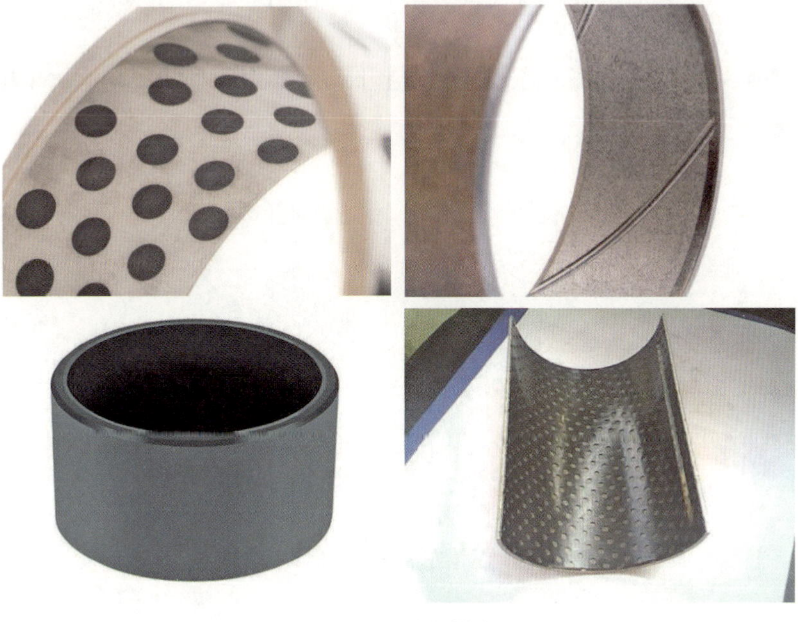

图 3–24 滚轮轴套

表 3–25　滚轮轴套方案比选

序号	轴套类别	优点	缺点
1	铜基镶嵌自润滑轴承	该类轴承是以高强度铜合金为基体，其上均布若干通孔或盲孔，孔中填充固体润滑剂。具有摩擦及磨损性能优异、摩擦系数低、承载能力高等特点	水流冲刷破坏自润滑膜，加上泥沙浸入会造成轴套卡死
2	粉末烧结轴承	以低碳冷轧钢板、不锈钢板或铜板为基体，以烧结含有固体润滑剂的青铜合金为摩擦表面层的复合材料轴承。无需润滑；动、静承载能力高；摩擦系数小，无“爬行”现象；可应用于灰尘、腐蚀性介质以及水下工作；适用于转动、摆动以及直线运动；结构紧凑，尺寸稳定；有排污槽，降低泥沙淤积	加工厚度受限，润滑层薄
3	尼龙合金轴承	通过对单体浇注尼龙材料采用稀土元素以及多种添加剂进行增强改性，尼龙合金自润滑轴套是一种摩擦系数低、抗冲击、抗刮削、耐腐蚀、自润滑和免维护的轴承产品	遇水膨胀，承载能力和尺寸稳定性略低
4	改性聚甲醛润滑轴承	由钢板（铜板）为基体，球形青铜粉为中间层，改性聚甲醛为摩擦表面层，储油槽可提高润滑性能，也能存储泥沙；适用于重载、低速的转动或摆动、经常启闭的间歇运动或启动负荷较大等不能形成或保持润滑膜的场合	水润滑摩擦系数大于油润滑摩擦系数

四类轴套产品各有优缺点，浮式系船柱轴套适用性影响因素复杂，每类轴套均在现场试用对比后，尼龙合金轴承使用滚动更顺畅，噪声小，卡阻情况少。轴套装配应控制好轴与轴套的配合间隙，间隙太大加快轴承磨损，不利于轴承使用寿命，间隙太小，泥沙淤积直接导致滚轮卡死。

为减少滚轮与导槽滑动摩擦，降低系船柱上下移动噪声，平面滚轮改为了球面滚轮。新旧滚轮结构对比见图 3–25。

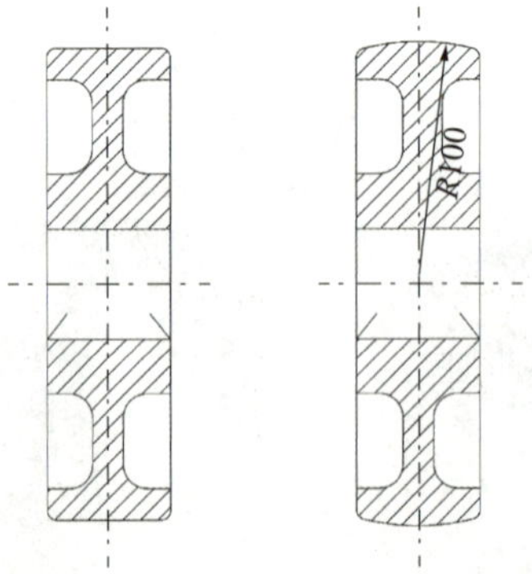

图 3–25　新（右）旧（左）滚轮结构对比（单位：mm）

3.7.3　应用情况

完善改造后的新型浮式系船柱在北五闸室进行使用，投入使用至今，无系缆桩及支架拉断记录，结构强度明显提升；针对系缆高度使用效果，征集了过闸船舶意见，系缆高度的提升得到了船方普遍认可；经过对滚轮结构调整及轴承换型，卡阻窜动情况明显改善。根据船方反馈意见以及现场观测情况，新型浮式系船柱的应用提高了系缆效率与安全性。

3.8 反弧门顶止水优化设计

3.8.1　研究背景

反弧门是输水系统工作阀门，输水阀门是船闸输水系统的咽喉，控制着输水系统的工作，运行频繁。与一般水工泄水建筑物不同，当船闸水头超过 20m 时就称为高水头，阀门在动水开启和动水关闭过程中，在非恒定高速水流作用下，承受各种复杂的水动力作用，极易发生空化、振动而危害阀门的安全运行。国内外许多高水头船闸建成后，输水阀门出现了较强空化和振动，有的伴随输水系统“声振”现象的发生。三峡船闸最大工作水头 45.2m，为减缓阀门段空化声振问题，采用快速开启、底扩廊道体型、大淹没水深、门楣自然通气等综合措施；采用横梁全包式、流线型底缘及钢止水布置这一阀门结构，具有结构自振频率高、抗震性能好的特点；采用的多级铰接带滑槽的启闭杆件布置可在快速开启方式下门井水流急速下降过程中避免水流对杆件的冲击，可保证各种复杂工况下启闭杆件的运行平稳等。

反弧门顶止水为半圆头型硫化橡胶止水，由于复杂水流条件的作用，运行中时有松动与坏损现象，是输水系统易损件。顶止水的破坏，首先，会进一步恶化输水系统阀门段水流条件，不利于阀门段结构与设备运行安全；其次，个别工况下，顶止水位置泄漏，影响闸室正常通航水深，不利于船舶航行安全。另外，运行期单边输水更换顶止水再加上反弧门井排充水时间，明显影响船闸运行效率；单边输水运行工况，会加重反弧门井段设备设施空化损伤；长期单边输水运行，存在断航风险。因此，需研究改善提高顶止水耐用性与稳定性。止水失效图见图 3-26。

3.8.2　研究过程

原顶止水损坏频次较高，为延长其使用寿命、减少更换频率，对止水材质、结构、安装方式进行了优化研究。

1）材质

三峡船闸反弧门原顶止水材质为 LD-19，其硬度高、拉伸强度大、浸泡质量变化小，根据其综合力学性能以及工程实践情况，原材质适于大型高水头水工闸门，不宜再做调整。

2）止水结构

为进一步改善橡胶止水结构力学性能，新型止水内增加一层高强尼龙帆布提高了止水本

图 3-26　止水失效图

身韧性，减少了止水拉裂的风险；根据顶止水受力特性，同时对压力缓冲孔结构进行了优化设计，将圆孔结构调整为椭圆形，以缓冲止水压缩变形力对止水固定螺栓的破坏力。模拟现场使用工况对新旧结构型式橡胶止水进行了对比疲劳试验，新型止水抗疲劳与抗撕裂性能明显提升；同时试验证明，新型压力缓冲孔结构降低了压缩变形力。新（下）旧（上）反弧门顶止水结构形式见图 3-27。

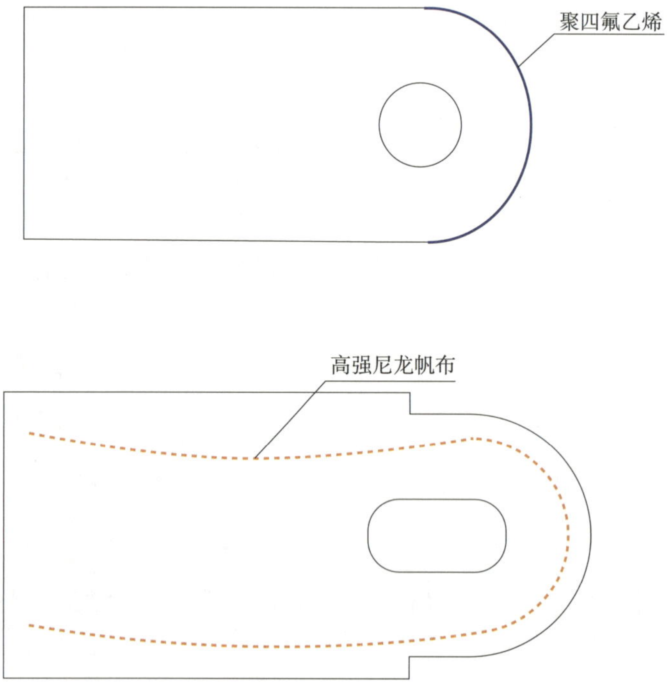

图 3-27　新（下）旧（上）反弧门顶止水结构形式

原顶止水将低摩阻、高耐磨的增强聚四氟乙烯薄膜复合于止水橡皮止水工作面，以期延长止水使用寿命；但三峡船闸实际应用情况反映，因工作环境较差，止水破坏往往起始于四氟乙烯耐磨层的局部脱落，未能达到增加使用寿命目的；耐磨层局部脱落、变形、坏损等情况破坏了整体止水效果，高水头压力下坏损耐磨层产生了异物卡阻的不良效果，撕裂风险增加；止水效果受影响后，将对反弧门门楣附近水力学条件产生不利影响，加剧止水结构破坏，同时对门体、吊杆系统、水工结构等造成破坏。

经研究分析，止水主要为撕裂损坏，磨损导致止水失效情况较少，LD-19 材质硬度较高，在水润滑条件下使用能够满足耐磨要求，因此取消了包四氟乙烯耐磨层。

3）安装方式

反弧门顶止水使用另外一个问题是紧固螺栓孔螺纹磨损，为保证新止水固定完好，只能对坏损的螺栓孔进行扩孔，重新攻丝。螺纹孔为门体结构一部分，随着顶止水破坏次数增加，螺纹孔增大到一定程度将影响反弧门结构，因此采取保护螺纹孔、牺牲螺栓方式，降低螺栓强度，出现螺栓脱落情况下，减少螺纹孔进一步扩孔风险。止水固定螺栓强度降低，螺栓拉脱，螺栓损坏但不会损坏门体螺纹孔，降低对门体破坏程度；固定螺栓由一排增设为两排，止水固定强度提高，螺栓拉脱风险降低。增加一排顶止水紧固螺栓，降低顶止水松动风险。新旧反弧门顶止水安装方式变化见图 3-28。

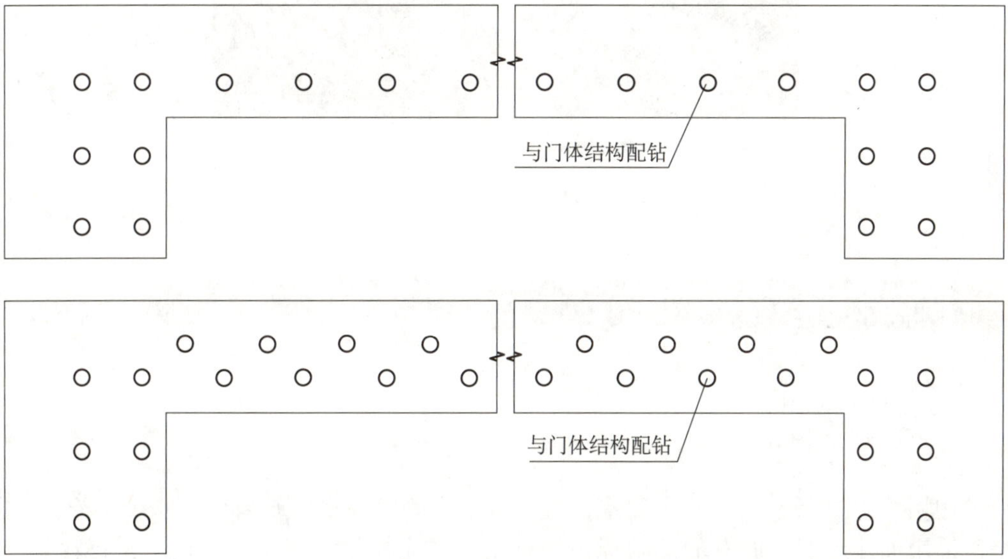

图 3-28　新（下）旧（上）反弧门顶止水安装方式变化

顶止水与门楣安装压缩量对紧固螺栓与止水受力情况影响较大。原顶止水橡皮与门楣设计压缩量 0～2mm。鉴于反弧门工作水头较大，经模拟计算分析，高水头下止水橡皮圆头部分存在明显变形，应适当降低安装压缩量，降低螺栓与止水结构受力；若止水安装与门楣存在间隙，则存在止水直接失效风险。组织相关人员讨论分析后，明确将安装压缩量降为 0，局部间隙按不大于 2mm 控制，并进行了现场调整试验，试验结果反映，紧固螺栓破坏频次降低。另外应严格控制顶止水现场安装工艺，局部间隙或压缩量过大，止水破坏频次明显增高。

3.8.3 应用情况

完善改造后的顶止水于2014年起推广使用，根据运行观测情况反映，止水结构与安装方式完善后，止水结构强度增加，抗撕裂能力增加，止水效果明显提升，螺栓脱落失效情况减少，坏损频次明显降低。更新后的顶止水图见图3-29。

图 3-29　更新后的顶止水

3.9 新型船舶停靠标识研究

3.9.1 研究背景

三峡船闸南北两线共有10个闸室，每个闸室边墙设有水尺6条、禁停线4条、泊位号22个，采用油漆绘制。原有的船闸标识线是用涂料涂在船闸闸室的墙面上，存在的问题：①耐久性差。原标识线是平面结构，闸室的船舶在进出闸室或水位升降时，由于油漆与混凝土的黏附力及自身抗磨性差，船体的防撞护舷与标识线产生摩擦，闸室的标识线被磨损得较快且模糊不清。②维修频次及成本高。因磨损较快，需经常进行维修，维修频次及成本高，且对通航造成一定的影响。③安全风险高。因磨损后模糊不清，船舶进入闸室后，船舶的操作人员看不到闸室的水尺线、禁停线、泊位号等标识，易造成船舶驶出禁停线撞上船闸人字门、船舶停靠速度慢等问题，给船舶安全运行带来风险，而且造成通行效率低等不利影响。原有的船舶停靠标识不能满足船舶过闸需求，研究一种耐久性好、维修方便的新型停靠标识尤为重要。

3.9.2　新型船舶停靠标识研究

解决船舶标识耐久性差的方法：一是所选标识材料具有较好的耐磨性，同时减少船舶在闸室移动时与标识的摩擦；二是选取好的油漆性能；三是新型标识固定牢固。根据研究，钢板具有较好的耐磨性，将钢板加工成凸凹不平的形状，减少外在物体与钢板的接触面积，并采用螺栓的方式固定在闸室墙壁上，氟碳漆的性能比传统性能适应性更好。

1. 新型标识材料选取

原船闸标识是直接在船闸闸室墙壁上喷涂，混凝土表面光滑，船舶经过闸室时，船舶侧边与标识线基本 100% 接触，磨损快，用不锈钢花纹板解决了船舶与标识全部接触的问题。因不锈钢花纹板的结构是凸凹的形状，船舶侧边与其接触时，只与凸起的部位摩擦，凹槽部位不与船舶接触，油漆磨损的可能性小。不锈钢花纹钢板见图 3-30。

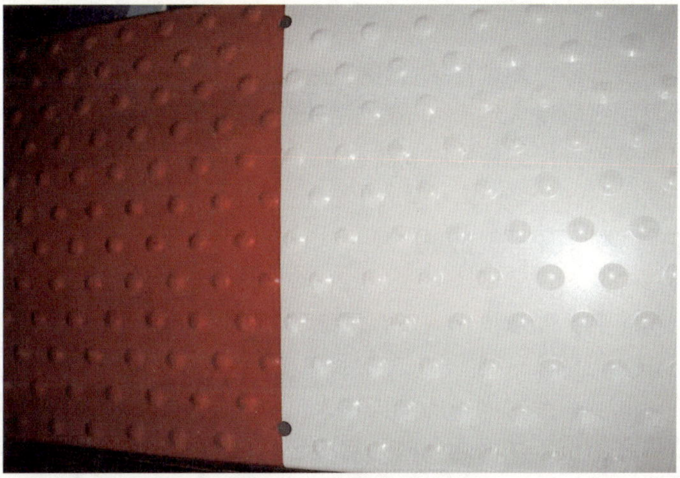

图 3-30　不锈钢花纹钢板

2. 新型标识油漆选取

与传统的油漆涂料相比，氟碳漆具有更加出色的耐光性；与传统的外墙贴铝塑板相比，氟碳漆的操作更简易，且不受建筑物形状的制约，可任由设计者发挥想象力；造价比铝塑板低很多，又可达到相同的效果；质量轻，不会给墙体带来沉重负担，不存在铝塑板坠落的隐患。

防腐性能优良：具有极好的化学惰性，漆膜耐酸、碱、盐等化学物质和多种化学溶剂，表面硬度高、耐冲击、抗屈曲，物理机械性能极佳，可为基材提供保护屏障。

免维护、自清洁：氟碳涂层具有极好的疏水性（最高吸水率小于 5%），摩擦系数小（0.15～0.17），不会粘尘结垢。

附着性强：在不锈钢金属、聚酯、聚氨酯、氯乙烯等复合材料表面都具有优良的附着力。

超强耐候性：涂层中大量的化学键（F–C 键）决定了其超强的稳定性，不粉化、不褪色，使用寿命长达 20 年。

3. 新型标识稳固研究

利用机械设备或等离子切割机将不锈钢花纹钢板板条切割成方形板块，并将不锈钢花纹板条沿长度方向折边，使其呈现“[”形状；而 1550mm × 1530mm 方形钢板则三边需折边，顶边不折，折边宽 20mm，折边均朝向无花纹一面。折边工艺完成后再利用钻床装夹不锈钢花纹钢板，沿长度方向每间隔 500mm 钻一对 ϕ14mm 圆孔。加工完成后不锈钢花纹钢板钻孔完毕后须送防腐车间喷砂，利用冲击钻于闸室边墙配钻 ϕ18mm × 150mm 深孔，安装不锈钢板条，采用 M16 × 120 不锈钢内膨胀螺栓将板条与边墙紧固。板条铺设必须与闸室边墙贴合紧密，确保板条处于同一垂直平面内。

注意事项：

（1）安装花纹钢板时，花纹面须朝向闸室，即面向外。

（2）膨胀螺栓为内膨胀式，螺栓露出部分需要进行人工打磨，顺水流方向将其打磨圆滑，呈半球面状态。

（3）不锈钢板条接头部位须紧密结合。

（4）船闸运行时闸室墙壁大约有 5m 施工部位长期处于水下，以及有 20m 左右施工部位间隙处于水下，该部位须待停航检修时安排施工。

3.9.3　新型船舶停靠标识研究应用

船闸新型标识实施后，船舶操作人员在闸室移泊过程中能清晰地看清闸室的泊位号、禁停线、水尺线等标识，见图 3-31、图 3-32、图 3-33，能加快船舶行驶速度并快速系缆，减少船舶在闸室移泊时间及系缆时间；船闸操作人员在集控室能准确判别船舶在闸室的相对位置及船舶是否安全停靠到位，从而能及时开启人字门，减少人字门开关间隔时间，有利于缩短船舶过闸时间，提高通航效率。

图 3-31　闸室标识牌改造前后对比——泊位号

图 3-32　闸室标识牌改造前后对比——禁停线

图 3-33　闸室标识牌改造前后对比——水尺线

3.10　基于显隐交互式隔流堤的浮子式橡胶拦漂排研制

3.10.1　研制背景

三峡工程通航建筑物上游引航道隔流堤堤身全长 2675m，堤顶高程 150m，除堤身前段为混凝土直立墙外，其余均为土石料填筑堤。上游水位低于 150m 时，上游引航道隔流堤能有效拦截上游河道带来的漂浮物。当水库水位超出 150m 时无法有效拦截漂浮物，尤其在汛期上游漂浮物来量大，隔流堤不能有效拦截漂浮物，坝前漂浮物大量涌入船闸上游引航道水域，影响航道通航安全；漂浮物若进入闸室后，可能会引起浮式系船柱卡阻，不利于船舶系缆，在闸室水位升降过程中因浮式系船柱卡阻造成浮式系船柱撕裂损坏，同时也可能进入人字门区域，造成人字门不能正常关闭，给人字门运行造成一定的安全隐患。为了保障通航安全，研究一种适合水位超过 150m 时显隐交互式隔流堤的浮子式橡胶拦漂排拦截上游引航道区域漂浮物显得尤为重要。

3.10.2 浮子式橡胶拦漂排研制

在三峡船闸上游引航道拦漂排研制以前，国内外没有类似的拦漂设施可以借鉴，因上游引航道水位变幅大（150～175m）、拦漂长度长等不利因素，需要解决拦漂排接头升降及随水位升降来回摆动等诸多问题。通过研究，基于显隐交互式隔流堤的固体浮子式橡胶拦漂排能有效解决这些问题。

1. 浮子式橡胶拦漂排的主要材质及结构组成研究

（1）浮子式橡胶拦漂排主要由橡胶尼龙帆布主体、固体浮子、配重块、连接部件、提手、固锚座、连接螺栓、拖头以及备件工具等组成。

（2）浮子式橡胶拦漂排材料为高强度、耐磨、耐油、耐候性能好的特种橡胶——氯丁橡胶，涂覆在 NN-200 型尼龙帆布上（该型尼龙帆布的拉伸强度为 200kN/m），制成两层复合橡胶布；采用耐油、耐候、耐老化、耐海水腐蚀的合成橡胶，并能抵抗常用化学品对它的腐蚀。

（3）浮子式橡胶拦漂排浮体材质为 EPS 泡沫浮子，外覆 EPE 耐油薄膜，耐油、耐化学品腐蚀；浮子呈圆柱形，上半部有浮子，下半部有配重块，具有不倒翁特点，可保证拦漂排在水中呈垂直状态。配重块为强度高、耐海水腐蚀的材料，配重块为自锁紧不锈钢螺栓固定，永不脱落。浮体整体发泡，浮子整体包覆在特种耐油橡胶涂覆的高强度帆布内，上封口采用热硫化封口，密封好，强度高，黏合性强，可保证拦漂排在水中布放时，浮体不会从拦漂排主体内脱落，有效保证了拦漂排的整体浮力。同时，该浮体包覆在特种耐油橡胶涂覆的高强度帆布内，可防止浮体被溢油腐蚀。拦漂排结构示意图见图 3-34，拖头（拖杆）示意图见图 3-35。

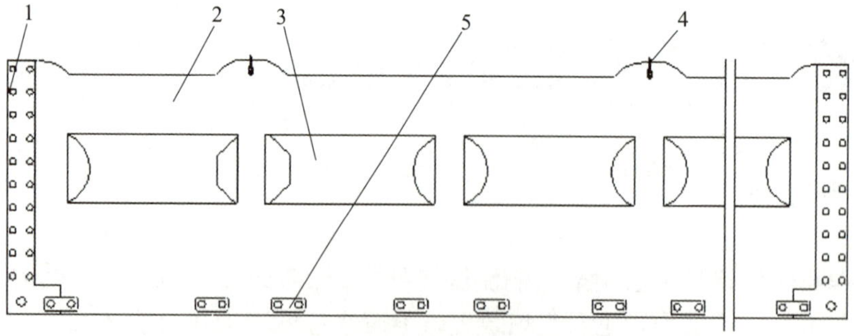

图 3-34　拦漂排结构示意图（配重块型）

1—接头板；2—主体；3—浮子；4—提手；5—配重块

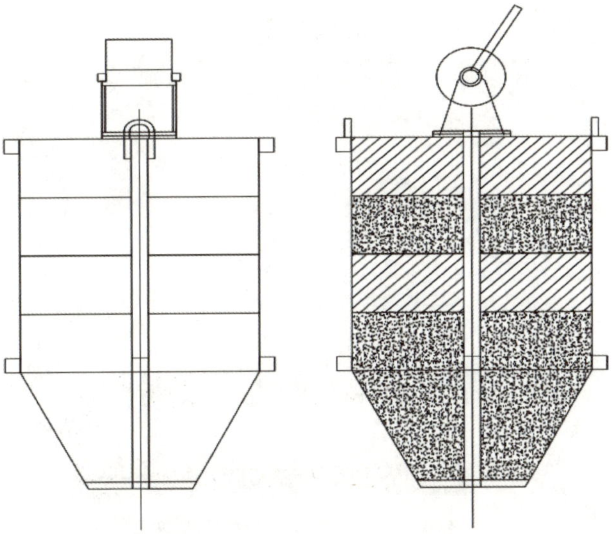

图 3-35 拖头（拖杆）示意图

2. 浮子式橡胶拦漂排的布放方法及特点研究

将拦漂排根据需要连成一定长度，分段下水。拦漂排下水前，整理好拦漂排裙体，避免拦漂排下水后产生扭曲、缠结，确保铺放流畅。为防止磨损，拦漂排下水处须设有托辊或铺有铺垫物。该型拦漂排主要用于固定性和半固定性布放，拦截控制局部水面漂浮物、溢油。

拦漂排用浮筒、锚固定在趸船、码头周围，引导到船舶溢出液导向集中区进行回收，该拦漂排可长期布放在水中。码头内侧为固定性布放，码头外侧为半固定性布放。码头来船靠泊后，两条活动拦漂排由端部拖头拖带到作业船外侧用快速接头对接，将可能的船舶溢出液引导入趸船的内侧和溢出液集聚区，以便及时回收处理。船舶开动前，可拆开快速接头向两侧拖带转移，不影响船舶航行。

3. 浮子式橡胶拦漂排的安装要求研究

1）拦漂排导向架制作安装

由于上游水位变幅大，拦漂排必须随水位变化相应浮动，方可避免主航道漂浮物进入船闸。为满足不同水位条件下拦漂排的正常工作，在三峡左岸电源电站进水口导堤 150～177m 高程范围内安装金属导向架，导向架内置浮筒与拦漂排相连，浮筒随水位变化沿导向架上下浮动。导向架共分 4 段，底部与电源电站进水口导堤固定，各段侧面与坝体固定。拦漂排导向架安装图见图 3-36。

2）拦漂排快速接头连接

拦漂排之间以快速接头连接，由安装人员在现场完成。安装时，将快速接头、连接夹板等与拦漂排端头对齐，用不锈钢螺栓拧紧即可。拦漂排两端的快速接头成对配置。

3）快接拖头与拦漂排缆绳的连接

快接拖头有两个连接环，通过两条缆绳连到卸扣环上（可在工厂内进行也可在现场进行）。拖拦漂排的缆绳直接连到卸扣环上即可。

图 3–36　拦漂排导向架安装图

4. 浮子式橡胶拦漂排的维护保养说明

1）清洗

使用过的拦漂排沾有油污，因此必须及时清洗。清洗时可用毛刷及清水冲刷，也可以用专用清洗机冲洗；或用分散剂刷洗后，清水洗净。

2）保养

拦漂排本身虽有一定的耐磨性，但不能承受锐物的刺扎和摩擦。因此在运输、储存、布放、回收等作业过程中，必须做好防锐物刺扎和摩擦的保护措施。特别是布放和回收时严禁碰撞挤压、刺扎和摩擦。为此，布放和回收时，与拦漂排接触的岸边、船舷必须有防护措施，如有铺垫物等。在拦漂排作业中，拦漂排不能和船体、码头等其他物体接触，防止磨伤磨坏拦漂排。

3）修理

拦漂排使用不当，出现磨损、破裂等现象时，需要及时修理。橡胶帆布胶层破损时，可将破损处打磨，用胶片、胶水冷粘处理即可；胶布破损时，用打磨胶布、胶水冷粘处理即可；也可以用夹板、胶布加固处理。连接配件损坏，更换新配件即可。

5. 浮子式橡胶拦漂排的优点

1）兼容性

浮子式橡胶拦漂排采用交通部（现交通运输部）行业标准 JT/T 465—2001《围油栏》规定的标准配件，能与多种拦漂排对接，具有较强的兼容性。拦漂排两端拖头，可由缆绳与船或岸边相连，也可由快速接头与岸边的拦漂排滑道相连。

2）可靠性

浮子式橡胶拦漂排由特种橡胶、高强度帆布制成，可靠、实用、耐油、耐磨，完全符合交通部行业标准。受力主体为双层高强度尼龙橡胶帆布，拦漂排端头连接板由四层胶布加强硫化而成，抗拉强度高，具有较强的工作环境适应能力。

3）可操作性

浮子式橡胶拦漂排拖头兼快速接头。拦漂排拖带到位后，两拖头可直接对接，由插杆快速连接，或直接与定位连接浮筒对接，操作简单，使用方便。两条拦漂排之间采用夹板连接。裙体外形平整光滑，便于运输、拖带、清洁和储存，操作成本低。储存时，拦漂排每25m一个包装，便于储存、吊装、运输。端头位于两端以便于连接。

4）先进性

浮子式橡胶拦漂排浮力储备大。浮体为水滴形，内部配有配重，垂直稳定性好，具有不倒翁特征，且耐油、耐化学品腐蚀。工作时裙体可形成滞油凹形，在水中有良好的姿态和乘波性，滞油性能好。该拦漂排受力主体为两层优质特种橡胶、高强度尼龙帆布及高强度拉力配重块，抗拉强度高，耐候、耐老化性能好。栏体受力均匀，整体强度高。

5）可维护性

浮子式橡胶拦漂排易损件便于更换，易于维护保养，维护保养成本低。拦漂排主体可原地修补，使用胶水、胶片冷粘即可。其他配件也可以原地更换。

3.10.3 应用成效

基于显隐交互式隔流堤浮子式橡胶拦漂排投入使用至今，对上游引航道漂浮物进行有效的拦截，防止漂浮物进入闸室，减少因漂浮物对船舶正常行驶的影响；也减少漂浮物进入闸室，避免漂浮物对浮式系船柱产生卡阻并进一步引发浮式系船柱撕裂的风险，同时也减小因漂浮物进入对人字门运行安全造成的影响。固体浮子式橡胶拦漂排见图3-37。

图3-37 固体浮子式橡胶拦漂排

第 4 章　检修技术创新

4.1 三峡船闸载人升降车研制

4.1.1　研制背景

三峡船闸水工建筑物、机电设备及金属结构等设施的良好运行，是三峡船闸安全、高效、畅通运行的重要保证。三峡闸室顶部距闸室底板高度 40 余米，闸首顶部距阀门井底部 90 余米，闸室俯视图见图 4-1。人员通过闸室侧壁或阀门井侧壁的爬梯上下，由于爬梯空间小且出于安全考虑，每次只能 1～2 人上下。若闸室内出现险情，需要对闸室内被困人员实施救援时也是通过爬梯去实施。船闸停航检修期间进入闸室都需要搭设交通转梯，搭设高度 40 余米，搭设时间长，这对于本来就很紧张的检修工期来说，时间比较宝贵，且搭设成本高。若是阀门井等其他部位进行检修，人员进出花费的时间更长，检修效率更低。为了充分发挥三峡工程的通航效益，要确保船闸安全稳定运行、实施快速检修以及参与应急救援，减少检修抢修对通航的影响。经调研，市场无成熟设备或工装可在短时间内将大量检修人员送到闸室底板进行缺陷检查、修理或参与闸室救援。研制一批专用的特殊车辆及工装显得尤为重要。

图 4-1　闸室俯视图

为了实施快速检修以及参与应急救援，减少检修抢修对通航的影响，船闸管理单位于 2002 年开始探索能够方便工作人员进入工作面观测、检查、维护，缩短工作时间，降低劳动强度，安全可靠的一套交通设备。

4.1.2　研制过程

1. 研制方案确定

升降技术源于大型起吊设备吊装重物上下，经过多年的发展与改进，一般都是起吊设备作为吊篮的升降动力来源，适用于各大建筑场所及维修场所，主要用于吊运设备，部分起吊设备通过加设多重安全设施用于人员上下，具有吊运人员少、起吊过程速度慢等特点，且依然存在比较大的安全风险。针对这个问题，组织研制专门载人的升降机械。

载人升降车研制的目的是在短时间内将大量检修人员送到闸室底板进行缺陷检查、修理或参与闸室救援。根据船闸总体布置，考虑到船闸输水廊道工作阀门及检修门井、水泵井、进人孔及观测室等部位和闸室的检查与维修的需要，提出设（配）置移动式载人检修和观测升降机，升降机主要适用部位如下：三峡船闸输水廊道工作阀门井、水泵井、进人孔及观测室、输水廊道工作阀门下游检修门井、辅助泄水廊道工作门井等部位。

载人升降车的主要用途：①观测与检修：大小两种吊篮设计，可分别搭载 8～10 名或 2～3 名工作人员随时安全到达船闸闸室、船闸输水廊道工作阀门井、水泵井、输水廊道工作阀门检修门井、辅助泄水廊道工作门井等部位进行观测与检修。②应急救援：特殊情况下可对停留在船闸的船舶实施人员救援任务。其工作示意图见图 4-2。

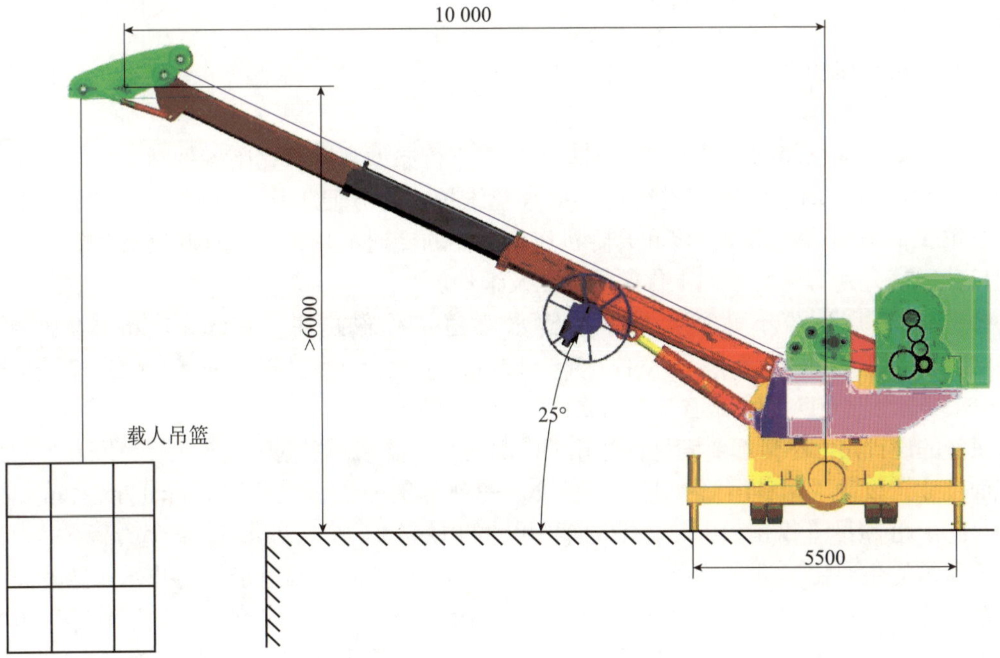

图 4-2　工作示意图（单位：mm）

载人升降车是流动式起重设备和悬挂式接近设备的组合，采用全回转模式，双动力驱动，自带两种规格吊篮。总扬程 110m，额定载重量 1200~1500kg（不含吊篮重量），回转变化范围 ±100°～180°。大吊篮载人 8～10 人，小吊篮载人 2～3 人。

2. 载人升降车设计

三峡船闸是世界上已建成船闸中连续级数最多、总水头和级间输水水头最高的内河船闸，其检修抢修工作有其明显的特殊性。根据三峡船闸的水工建筑物、金属结构和机电设备特点，结合施工现场和检修抢修任务进行专门研制，在国内为非定型产品。关于三峡船闸载人升降车的研制方案，先后征集了国内多家从事重型机械设备制造企业的意见，提出总体技术要求如下：

（1）载人升降车设计须遵循国家有关载人设备设计、制造、使用等相关规定，满足载人安全要求，可进行小量物料运输；设备投用前须提供相应的质量认证证书。

（2）最大额定总起重量：2t。

（3）最小工作幅度：3m。

（4）最大升降高度：基本臂 110m，全身臂 105m。

（5）起重臂全起 / 落时间：≤ 4min/3min。

（6）最大起升速度（空载）：≥ 35m/min。

（7）吊篮重量：维修吊篮≤ 400kg；救援吊篮≤ 800kg。

（8）提升系统应含有安全装置与结构。

（9）结构设计应便于运输、吊装与布置，便于人员上下进出。

（10）设备操作流程应简洁，操作界面友好。

3. 载人吊篮研制

1）吊篮尺寸确定

工作范围：根据船闸总体布置，闸室土建需进行原型观测，船闸各种闸、阀门门井金属结构、船闸闸室、输水廊道需进行定期检查及维护。为方便工作人员进入工作面观测、检查、维护，采用移动式载人检修和升降机作为必要的交通工具，并通过调换与升降机配套的不同尺寸吊篮分别实现对下列工作面的观测及维护。

各门井的井孔最小截面尺寸：①输水廊道工作阀门井：1.2m × 1.8m。②水泵井：1.2m × 1.5m。③进人孔及观测室：1.2m × 1.2m。④输水廊道工作阀门下游检修门井：1.26m × 5.4m。⑤辅助泄水廊道工作门井：0.82m × 4.7m。

吊篮的设计尺寸尽量都要满足各井孔工作面的使用需求，根据升降车工作范围和各门井最小截面尺寸，设计了两种吊篮：Ⅰ型吊篮载 2～3 人，有效面积尺寸约 1m × 0.7m × 2m（长 × 宽 × 高）；Ⅱ型吊篮载 8～10 人，有效面积尺寸约 1.6m × 0.8m × 2m（长 × 宽 × 高）。

Ⅰ型吊篮主要用于进人孔及检修排水泵集水井，辅助泄水廊道工作门井，Ⅱ型吊篮主要用于输水廊道工作阀门井、输水廊道工作阀门下游检修门井等，Ⅰ型或Ⅱ型吊篮都可用于其他需使用并适合使用的部位。Ⅰ型吊篮和Ⅱ型吊篮与升降机的连接可快速互换。

2）吊篮的功能配置

（1）吊篮与安装在起吊钢缆末端的起吊框相连接，连接采用带锁销连接，快速、可靠。

（2）吊篮结构为铝合金材料制成，具有自重轻、强度高、防锈及美观的特点。

（3）围栏高 2000mm，围栏以下为带孔铝板封围，以方便篮内工作人员的检修操作，确保篮内工作人员的安全；开孔直径小于 15mm，防止篮内物品的滑落。

（4）吊篮顶部封板以防止高处坠物砸伤篮内人员。

（5）吊篮四个侧面均装有防撞导轮，底部装有弹簧缓冲器及下限位开关，顶部4个吊点均装有上限位开关，以确保吊篮的安全运行。

（6）吊篮围栏设门，并装有限位开关，以确保人员在安全的状况下出入。

（7）吊篮装置14°防倾斜水银开关，以确保吊篮倾斜角度不大于8°。

（8）吊篮内控制箱设有紧急开关，使篮内人员能在紧急情况下停止机器的运行。

（9）吊篮还可根据客户的要求安装照明设备、通风设备及取暖设备。

（10）吊篮垂直升降高度不超过110m，按照高空施工作业经验和平行四吊点升降臂设计，整机抗倾覆系数大于或等于3，从而增加了设备运行的安全性和可靠性，通过计算吊篮风载荷和人施加的外力可以忽略。

4. 电气控制部分设计

该设备的电气控制部分主要由提升部分、变幅部分、回转部分和安全保护装置部分组成，控制箱分为一个主控箱和两个控制板，其中主控箱装在主机台车上，两个控制板分别装在台车和吊篮上。为了确保吊篮内操作人员的安全，吊篮部分的控制具有优先权。考虑操作人员戴手套操作的可能性，控制按钮的直径大于10mm。主控箱和台车上可移动控制板见图4-3。

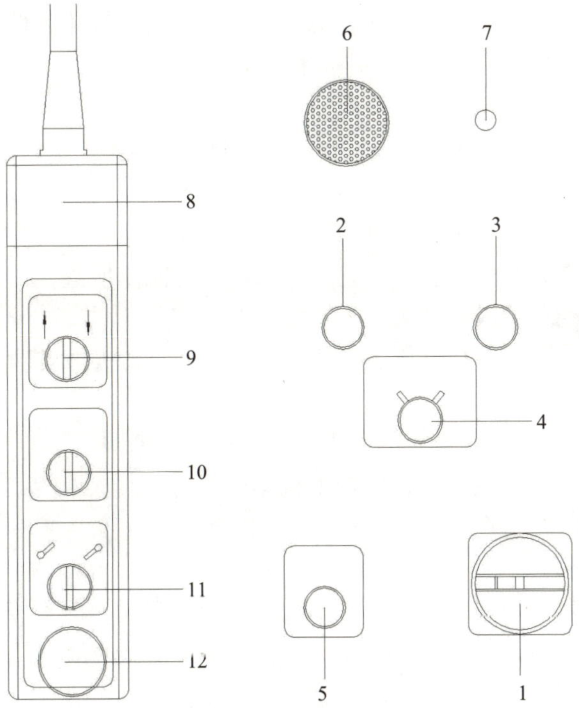

图4-3 主控箱和台车上可移动控制板

1—总电源开关；2—过载指示灯；3—电源指示灯；4—选择开关；5—启动/复位开关；6—扬声器；7—呼叫吊篮；8—台车上可移动控制板；9—吊篮升降；10—吊臂回转；11—吊臂变幅；12—紧急制动开关

整个系统由一个PLC装置（可编程逻辑控制器）控制，PLC装置有3个主要功能：控制不同的操作指令序列；监控故障信号；翻译来自吊车和吊篮的控制信号。所有的控制信号和指令均通过有线电缆的方式传输。

整套设备配有两个控制板：一个主控制板装在吊篮内；另一个控制板装在主机台车上用于从工作位置收放吊篮或在主控制板故障情况下的紧急操作。控制板的选择由一个装在台车控制箱上的带锁旋转开关控制。一把钥匙由操作人员掌控，另一把则交由任何可进行应急操作的地面负责人员掌握。

5. 安全保护装置设计

1）吊篮上的安全保护装置

为了使吊篮上的安全保护装置有效，启动 / 复位开关必须置于“ON”，且选择开关必须置于“吊篮”的位置。

（1）紧急制动开关。

当发生任何故障或紧急情况时，可按下红色紧急制动开关，立即停止机器的运行。

（2）吊篮底部下限位开关。

吊篮底部装有防撞缓冲装置，当吊篮在下降过程中遇到阻碍物时，触发下限位开关，立刻停止吊篮下行。此操作不影响吊篮的上行以排除故障。

（3）吊篮防倾斜开关。

吊篮控制板内装有水银开关，以监控和调整吊篮运行过程中可能出现的倾斜情况，吊篮倾斜超过 90°，吊篮停止运行。调节吊篮的水平可通过控制开关操作各自的提升机来进行。

（4）吊篮过载保护装置。

吊篮两端装有两个过载保护装置。当吊篮内荷载超过额定值 125% 时，此装置作用并切断机器的控制电源。

（5）吊篮门联动开关。

吊篮的门设有联动开关，只有在门完全关闭后方可操作吊篮。

（6）吊篮下行测距及警报。

吊篮底部装有测距装置，当吊篮下行快到底部地面时，警报启动以提醒操作人员注意。

2）台车上的安全保护装置

（1）紧急制动开关。

当发生任何故障或紧急情况时，可按下台车可移动控制板上的红色紧急制动开关，立刻停止机器的运行。

（2）吊篮上限位开关。

当吊篮上行到顶部触动安装在吊臂头上的上限位开关时，即刻停止吊篮的上行，但不影响吊篮的下行。若想从吊篮上控制板操作吊臂的回转，吊篮上限位开关必须被触发。

（3）吊篮最终上限位开关。

如果由于某种原因，吊篮上限位开关失效，此附加最终上限位开关将起作用切断机器的控制电源。若要恢复系统操作，用手动下降方式使吊篮下降约 20mm，可使此开关复位。

（4）吊臂回转限位开关。

此安全装置包括两个限位开关，分别限制主机承台的两个方向的回转范围。整机回转超出 270°，到达设定位置自动停止转动。

（5）吊臂变幅限位开关。

除了用液压装置控制吊臂的变幅范围外，增加此安全装置用于限制吊臂的变幅范围，吊臂变幅到达设定位置，限位开关启动令设备停车。

（6）起速保护安全锁。

提升机配备超速安全锁作为第二刹车装置，该装置如同安全规程所要求的作为副刹车器在出现问题时进行操作保护。

在机器正常运转的过程中，安全装置的控制杆在“OPEN”位置，BSO 超速安全锁示意图见图 4-4。

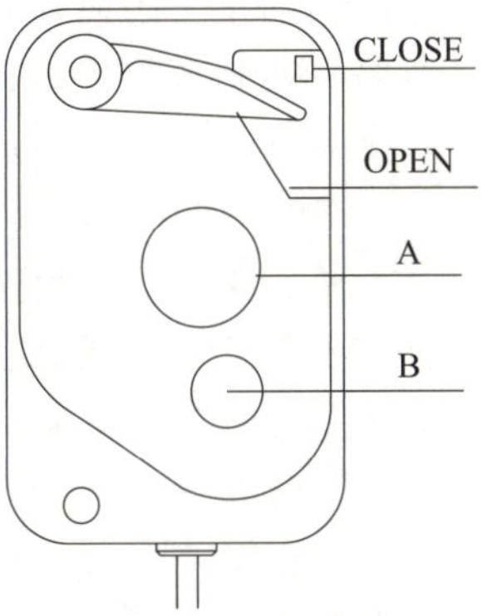

图 4-4 BSO 超速安全锁示意图

（7）提升机超载安全装置。

除了吊篮内装有过载保护装置外，提升机内已整合了另两套超载安全装置，以确保吊篮在运行过程中不发生意外。当吊篮在运行过程中超重 25% 或被悬出物阻挡时，提升机超载安全装置激活操作，并触发主接触器从而切断机器的所有电源，提升机超载保护装置示意图见图 4-5。

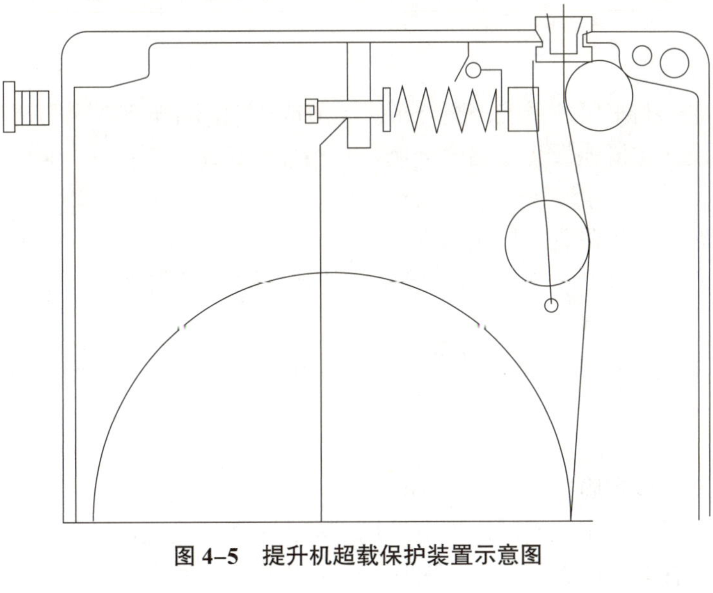

图 4-5 提升机超载保护装置示意图

（8）钢缆防松及终端保护装置。

收缆筒装有限位开关以监测钢缆的张力，在以下情况下此装置会触发并切断控制电源：收缆筒驱动轴失效、收缆筒摩擦碟磨损、钢缆完全从收缆筒脱出（例如，当吊篮已到达地面或底部，操作员仍继续进行下降操作）。

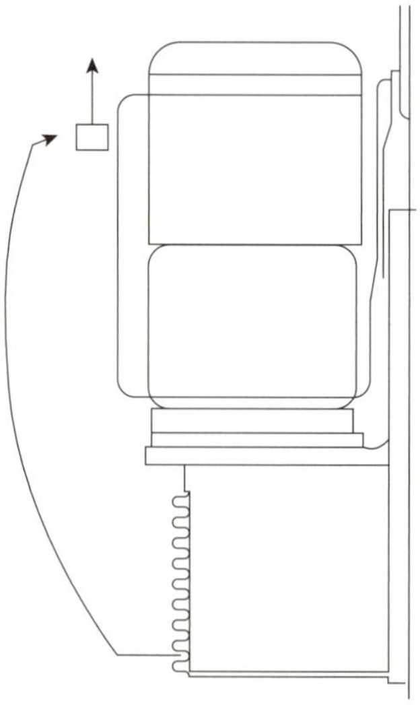

图 4-6　手动紧急下降操作

（9）手动紧急下降。

在电源突然中断或其他意外故障情况下可采用以下步骤进行紧急下降：从提升机上取下刹车释放操作杆（见图 4-6），并且插入驱动电机罩上的小孔；推上操作杆释放刹车。吊篮在重力的作用下开始下降，下降速度由离心式刹车器控制；松开操作杆即可停止下降；操作完成后将操作杆放回原处。

（10）钢丝绳装置的安全保护。

采用 4 根直径为 9.5mm 镀锌钢丝绳，安全系数不小于 12；符合以下要求：对于多绳作用悬挂系统，在一根钢丝绳失效时，剩余钢丝绳足够停住平台。

符合以下 CE 认证要求：

①钢缆导向装置防止钢丝绳离开轮槽。②滑轮边缘与保护部件的距离不大于 0.3 倍的钢丝绳直径。③滑轮绳槽的半径为钢丝绳直径的 0.52～0.65 倍。④钢丝绳滑轮的张开角度应对称并在 300°～55° 之间。⑤绳槽的深度大于钢丝绳直径的 1.4 倍。⑥钢丝绳提供保护罩，运行点防止手和手指夹入滑轮。⑦滑轮绳槽的平滑度标准为：Ra=6.3μm。⑧从中心线或系统的几何计算的最大钢丝绳偏角不大于 40°。

3）电气安全保护装置

该装置配备漏电、短路、相序、过热、超载安全保护设备，满足欧洲标准 EN 1808《悬挂式接近设备的安全要求——设计计算、稳定性要求、建造》中要求电气部分保护等级不低于 IP54 的规定。

4）一般安全标准

（1）两组独立的刹车保护系统，配合每一关节或运动部件的监控装置。

（2）吊篮铺设的防滑地板为全铝合金制造；吊篮配备耐磨损防撞导轮，可保护吊篮不与墙面直接接触。

（3）安全防断绳与防超载、超速装置。

（4）承载零部件所用的塑性材料，按材料的最小强度极限计算，结构安全系数不小于 2.5。

（5）承载零部件所用的非塑性材料，按材料的最小强度极限计算，结构安全系数不小于 6。

6. 设备功能及总体布局

移动式载人升降车可实现发动机与电动机双动力驱动，在无电源提供时可通过发动机实现整车所有动作；有电源提供时，可实现除行走外整车所有动作。整车示意图见图 4-7。

主要功能如下：

（1）行走：通过发动机提供动力实现路面行走功能，可自行实现设备存储地与工作场所及工作场所之间的移动。

（2）吊篮升降：通过发动机 / 电动机提供动力驱动液压马达实现卷扬滚筒的转动来提升 / 下降吊篮。

（3）回转：通过发动机 / 电动机提供动力驱动回转液压马达实现上回转平台的 360° 回转。

（4）变幅：通过发动机 / 电动机提供动力驱动举升油缸伸缩实现吊臂的变幅，可快捷地调整吊篮与工作面之间的距离。

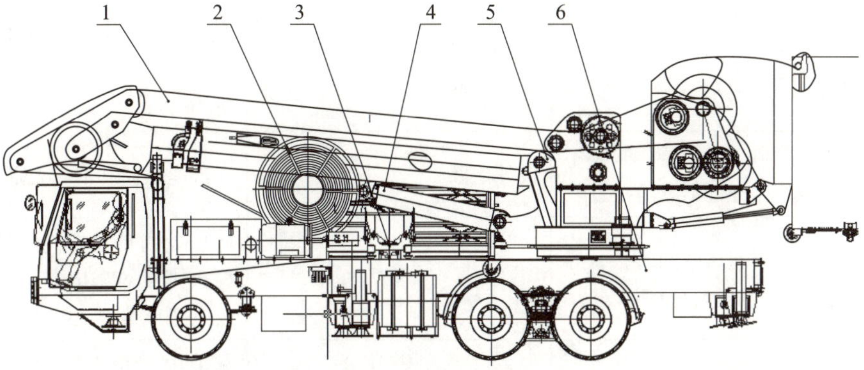

图 4–7　整车示意图

1—作业机构；2—电气系统；3—安全装置；4—液压系统；5—回转系统；6—底盘系统

7. 试验与改进

载人升降车研制分两阶段进行：先研制一台样车；经过现场试验与使用后，完善设计方案再进行批量生产制作。三峡船闸第一台载人升降车于 2011 年研制成功，经现场测试和试用，使用情况基本正常，能够满足船闸检修、抢修、应急救援工作的需要，但也存在一些需要完善的地方，比如升降车吊篮提升油缸不保压，有下沉现象等。后续的 4 台载人升降车根据第一台载人升降车现场测试和试用的结果，进行了改进和优化。具体优化见表 4–1。

表 4–1　载人升降车改进及优化

序号	存在问题	原　因	优化解决方案
1	升降车吊篮提升油缸不保压，有下沉现象	经检查发现液压锁密封胶圈密封失效	更换液压锁和密封圈并进行优化
2	吊具展开、回收麻烦，发动机无法进行出车前的正常检查	由于吊具在收车时置于发动机上的支撑小车上，对发动机检修有一定影响	在车头增加吊具放置支架，可以保证在船闸工作时方便移动和吊具展开，利于检修
3	吊具过于笨重，操作困难，工艺不到位	吊具需要一定重量以确保空载时钢丝绳保持正常状态	吊具重量维持原状，细部结构进一步优化

续表

序号	存在问题	原　因	优化解决方案
4	救援吊箱工作门太小，不利于开展工作，箱内人员无法观察上下的情况	原设计要求封闭结构	根据现场需要对吊篮设计进行修改，改进相关结构，救援吊篮增加观察窗，确保安全和使用方便
5	外接操作台过大过重，无合适位置存放，操作台使用时无法跟随上盘的回转，且无法直接观察到吊箱的情况	外接操作台过大，过重，操作、运输不方便；显示器在阳光下难以看清显示内容	取消地面操作台，重新设计手提便携式控制箱，建议改为车上推拉式工作台
6	吊篮不方便移动	原脚轮设计吊篮在水平地面移动不便	吊篮底部增加四个万向脚轮，每只载荷不小于500kg，带缓冲机构
7	钢丝绳卷筒缺少压绳器，收卷不整齐；钢丝绳托辊不灵活	设计遗漏	在排绳滚筒和滑轮上加装压绳器
8	油温冷却风扇通风时间过长，导致蓄电池过多放电而损坏		增加风扇自动控制开关，发动机熄火则断风扇电源，可避免过多放电造成蓄电池损坏
9	无夜间车辆检修工作灯	原设计无	车上电气柜内增设夜间工作灯，便于夜间车辆检修；另增加手提式工作灯及插座
10	无电源监控	原设计无	电气柜门外增加380V电压表一块，便于监控电源电压是否正常；增加电源指示灯
11	吊箱收回后无锁定装置	原设计无	吊箱收回后增加锁定装置，可保证车辆行驶安全；增加专用保险机构，挂钩上增加缓冲胶垫
12	对讲机、遥控器等电池充电不方便	遥控器电池充电不方便	电控箱增加220V防水电源插座，便于利用外接电源充电或机电维修，同时增加一个车用充电器
13	吊篮上接近墙面施工操作不便	特制吊篮增加此功能	在工作吊篮上增加回转机构，使接近墙面施工操作更加方便，减少升降机底盘移动次数
14	夜间使用缺少安全监控照明		在吊篮上部和臂架头部增加LED顶灯，以便在夜间观察相对位置；在伸缩臂杆的顶端加装一套向下的投射灯照明，固定臂杆的中部两侧各加装一组投影灯便于夜间观察臂杆顶部

续表

序号	存在问题	原　因	优化解决方案
15	油温过高停机，外部温度过高无故停车	风扇运行时间太长，导致蓄电池亏电造成电气系统控制电压过低	电气控制电路进一步完善
16	船闸的特殊性造成在闸室两侧工作时，支腿不能全部伸出，需要有一套详细的参数，保证在各种工况下的使用安全		依据计算提供支腿最小支撑距离，并提供相关参数及说明
17	内燃机驱动时，上盘各部位反应过慢，造成油耗和机械磨损过大	电机动力功率选择有一定富余，不影响正常使用	柴油机本身特性造成响应速度比电机慢
18	近距离使用时，杆顶的水平调整角度过小，造成一定的倾斜，不太安全	自动调平功能只能在臂架正常工作范围内才能发挥作用，倾角 25° ～ 60°	修改参数增加自动调平范围
19	维修吊篮过重，不便搬运	结构设计偏重	优化设计，降低重量，取消拉闸门设计
20	上限位原设计只有一级软保护		在臂架头部增加重力保护开关，实现上限位双层保护
21	无手动电缆收放装置		车后增加手动电缆收放装置，可以缠绕 400m 电缆
22	回转机构驻车无手动锁销	原设计无	增补回转机构驻车手动锁销
23	吊具拆卸不方便	没有登高爬梯	增加吊篮两侧楼梯设计
24	无水面悬停控制		增加水面停止检测开关

4.1.3　应用推广

载人升降车于 2012 年 1 月 9 日至 15 日在船闸现场进行行驶和安全试验后正式投入试运行。2012 年 3 月，经过为期 20 天的三峡船闸检修高频试运行，三峡船闸载人升降车完成了闸室及基础排水廊道的交通任务，整车操控性、安全性良好。载人升降车应用现场见图 4-8。

自主研制的三峡船闸载人升降车为移动式载人升降车，主要用于大型水利水电枢纽船闸闸室、闸门金属结构、输水廊道、水泵等的检查与定期维护，方便工作人员进入工作面进行观测、检查、维护以及闸室应急救援等，具备快速、灵活的特点。为了充分发挥三峡工程的通航效益，确保船闸安全稳定运行，实施快速检修以及参与应急救援，减少检修抢修对通航的影响，目前该类型升降车已由三峡船闸推广至葛洲坝船闸使用。

图 4-8　载人升降车应用现场

4.2 内置机械保顶式同步顶升系统

4.2.1 研究背景

三峡船闸人字门是三峡枢纽通航的关键设备，为钢框架薄壁结构，单扇门高 38.5m，宽 20.2m，厚 3.0m，重 900 余吨。每扇门有顶、底两个枢轴，顶枢是柱形枢，底枢是球形枢。由于人字门开闭频繁，球形底枢又在水下，必须定期计划性停航检修，以保证人字门可靠工作。人字门门体在进行顶枢修理与调整、背拉杆调整、底枢检查与修理等工作时，需顶起门体，业内称为顶门修理。由于大型人字门结构尺寸大、自重大、重心高，顶升和回落作业时常有倾覆危险，同时由于顶升与回位的位置精度要求高，对顶门施工技术和安全要求高，安全高效地顶升和下落门体作为检修成败的关键，历来是检修施工的重中之重。顶门检修根据顶升高度又可以分为低、高位检修两种。低位检修需将门体顶高 350mm，高位检修则需将门体顶高 650mm 以上。

传统的人字门顶升检修方式是手动操作人字门四个承重部位的千斤顶，由于千斤顶行程短，顶完一个行程后，必须用人工安装临时垫块支撑住人字门，然后缩回千斤顶并在千斤顶下面再次人工安装垫墩，这样千斤顶才可进行第二次顶升，这就是所谓“换手”，多次换手顶升后才能将人字门顶升到位。在采用传统方法顶升时，当工作顶受力严重不均，会出现个别顶受力超过额定值，造成密封破裂、千斤顶损坏失效的危险。门体在升降中可能姿态不稳，存在冲击，易倾覆。同时，传统方法中，顶的行程同步性差，门体底枢中心易偏移，回位时容易产生底枢轴瓦与球头表面损伤的危险。整个人字门顶升与回落过程的人工操作环节多、操作流程复杂、过程难控，同步误差大、检修效率低、安全风险高。

随着长江航运的快速发展，船闸运行负荷也急剧增加，为消除设备设施隐患，保障通航安全，船闸需定期开展计划性停航检修。三峡船闸作为长江中上游交通咽喉要塞，计划性停航检修工期通航压力大，检修情况社会关注度高。三峡船闸人字门顶升检修又是计划性停航检修的关键工期项目，研究安全、高效的人字门顶升方式，缩短检修工期，保障门体检修施工安全，至关重要。

为提高三峡船闸人字门检修安全性和检修效率，船闸管理单位于 2012 年开始探索研制同步精度高、安全性高的人字门组合液压缸同步顶升设备。

4.2.2 研制过程

1. 顶升与保顶方案确定

同步顶升技术最早来源于大型设备与建筑物的顶升或平移，经过多年的发展与改进，现一般采用液压泵作为动力来源，即液压同步顶升系统。液压同步驱动具有结构简单、组成方便、运动惯性小、反应速度快、操纵控制方便等优点，适用于各种大型设备顶升。大型人字门同步升降系统最早使用于葛洲坝船闸大修施工现场，实践表明，液压同步顶升系统能很大程度上提高船闸人字门顶升和下降效率。

液压千斤顶液压密封失效和液压油缓慢泄漏通常会导致严重的人身、设备事故。顶升过程中，通过机械支撑装置确保液压顶升安全，越来越受到关注。传统施工过程中，常用的保顶方法有螺旋支撑、专用钢墩支撑、木墩支撑等，这些方法通常需占用作业空间，影响后续作业，保顶不同步，且实施中比较麻烦费时。随着顶升技术的进步，为避免在顶升和回落过程中发生意外，经常在液压缸的旁边设置保顶机构作为过程保护装置，进行全行程跟进，以保证在液压失效时机械保顶装置能够及时将人字门撑住。

由于船闸人字门主受力区域为两处土纵梁，在主受力区外设置保顶装置会存在限制。如果将保顶装置设置在液压缸内部，柱塞的顶升区域和保顶机构的保顶区域重合，这样可以减小顶升和保顶的受力区域，顶升与保顶功能组合成一体，结构紧凑，占用空间小，有利于快速转移。所有运动件全部在缸筒内部，可完全浸润在液压油中，润滑条件好，不受锈蚀影响，运动件动作的可靠性高，使用寿命会更长。针对这个思路，船闸运行管理单位开始组织研制内置机械保顶式同步顶升系统。

2. 内置机械保顶式液压缸设计制造

1）顶升高度

三峡船闸人字门检修首先要将球形下枢几高至单人最适宜的检修高度（约 680mm），待上、下枢检修后再将人字门回落到原来的位置。人字门的顶升和回落需通过液压缸来完成。人字门的底端和侧面各有两个顶升位置，顶升点的平面尺寸为 600mm × 800mm，在这四个顶升区域内各设置一个（或者两个）液压缸进行顶升作业。人字门底部离地高度 1200mm，故顶升液压缸的高度不得超过 1200mm，否则无法安装到位。顶升高度按 700mm 进行设计。

2）顶升力

考虑单扇人字门重约 850t，顶升受力点平均约 210t，组合液压缸顶升力应留有足够余量，同时综合考虑液压缸尺寸和重量，最终确定组合缸单缸额定顶升力为 420t，四点组合液压缸额定顶升力合计超人字门重量近一倍，每台顶升、保顶组合液压缸（简称顶保缸）中的顶升机构满足 420t 负载的平稳顶升和下降。

3）液压缸尺寸

顶升机构采用柱塞式液压缸形式，是顶保缸实现闸门上升和下降的负重机构，主要由柱塞、缸筒、缸底、缸盖、导向套和放气阀组成。

缸筒直径：

$$d=\sqrt{\frac{4F}{\pi P\eta_{\mathrm{m}}}}$$

式中 η_{m}——柱塞液压缸机械效率，$\eta_{\mathrm{m}}=0.98$；

P——额定工作压力，$P=32\mathrm{MPa}$；

F——额定顶升力，$F=420000\times9.8\mathrm{N}$。

$$d=\sqrt{\frac{4F}{\pi P\eta_{\mathrm{m}}}}=\sqrt{\frac{4\times420\,000\times9.8}{\pi\times32\times0.98}}\mathrm{mm}=408.89\mathrm{mm}$$

根据结构需要，取 d=440mm。

缸筒壁厚：

$$\delta\geqslant\frac{dP_{\mathrm{y}}}{\left(2.3[\sigma]-P_{\mathrm{y}}\right)\varphi}+c$$

$$[\sigma]=\frac{\sigma_{\mathrm{b}}}{n}$$

式中 σ_{b}——材料强度极限，45 锻钢（考虑到顶保缸的承压面积需要，不选用合金钢材）调质处理，$\sigma_{\mathrm{b}}=610\mathrm{MPa}$；

n——安全系数，考虑到闭锁压力的瞬时升高，取 n=5；

$[\sigma]$——材料许用应力，$[\sigma]=\frac{610}{5}\mathrm{MPa}=122\mathrm{MPa}$；

P_{y}——试验压力，$P_{\mathrm{y}}=1.25P=1.25\times32\mathrm{MPa}=40\mathrm{MPa}$；

φ——强度系数，对于 45 锻钢，取 φ =0.98；

c——计入壁厚公差及腐蚀的附加厚度，通常圆整到标准值。

$$\delta=\frac{dP_{\mathrm{y}}}{\left(2.3[\sigma]-P_{\mathrm{y}}\right)\varphi}=\frac{440\times40}{(2.3\times122-40)\times0.98}\mathrm{mm}=74.64\mathrm{mm}$$

取 δ =85mm。

缸筒外径：

$$D_0=d+2\delta=440\mathrm{mm}+2\times85\mathrm{mm}=610\mathrm{mm}$$

顶升机构的外缸筒、缸底和缸盖结构复杂，使用 Abaqus 有限元软件对零件进行校核，保证零件的局部结构满足要求。经校核，缸盖、外缸筒满足使用要求。

4）保顶机构

保顶机构设计采用螺母始终跟随柱塞运动，一旦液压部分出现意外，可及时实现机械保顶。保顶机构的液压马达通过锥齿轮传动和螺旋传动，最终将液压马达的旋转运动转换为螺母的跟随运动。在保顶机构中，螺母是机构的执行元件，螺母工作时的阻力是机构所要克服的载荷。保顶机构上升时螺母与柱塞之间相对运动需要克服液压油黏滞阻力；螺母向上直线运动需克服重力和螺纹副之间的摩擦力以及螺杆底面同缸底表面的摩擦力；螺母下降时，螺杆同定位轴的摩擦力。

锥齿轮副用于传递由液压马达驱动下的齿轮螺母旋转运动，锥齿轮正交布置，大齿轮传递的力矩为 106.82N · m。

液压马达的输出扭矩：

$$M_m = \frac{M}{u}$$

式中 M——齿轮螺母旋转阻力矩，$M = 106.82\text{N}\cdot\text{m}$；

u——锥齿轮的传动比，取 $u = \frac{150}{13} = 11.538$。

$$M_m = \frac{M}{u} = \frac{106.82}{11.538}\text{N}\cdot\text{m} = 9.258\text{N}\cdot\text{m}$$

考虑到螺杆在上升和下降时与阻挡结构紧密接触，以及其他机械损失，在扭矩计算值基础上增加 60% 扭矩，取整，$M_m = 19\text{N}\cdot\text{m}$。

液压马达排量：

$$V_m = \frac{2\pi M_m}{P_m \eta_m}$$

式中 P_m——系统输入液压马达的工作压力，$P_m = 2\text{MPa}$；

η_m——液压马达机械效率，取 $\eta_m = 0.9$。

$$V_m = \frac{2\pi M_m}{P_m \eta_m} \approx \frac{2 \times 3.14 \times 19}{2 \times 0.9}\text{mL/r} = 66.289\text{mL/r}$$

根据计算结果选用液压马达，由于计算液压马达排量值很小，没有相应的液压马达可选，只能选用现有排量为 50mL/r 的摆线齿轮马达，其输出轴为直轴－平键。额定输出扭矩 92N · m，额定压力 12.4MPa。

最终确定的顶保缸主要参数见表 4–2。

表 4–2 顶保缸主要参数

序号	参数名称	参数值
1	额定顶升力	4200kN
2	顶升额定压力	31.2MPa
3	保顶机构额定压力	12MPa
4	行程	690mm
5	外形尺寸	ϕ610mm × 1180mm
6	重量	2.5t

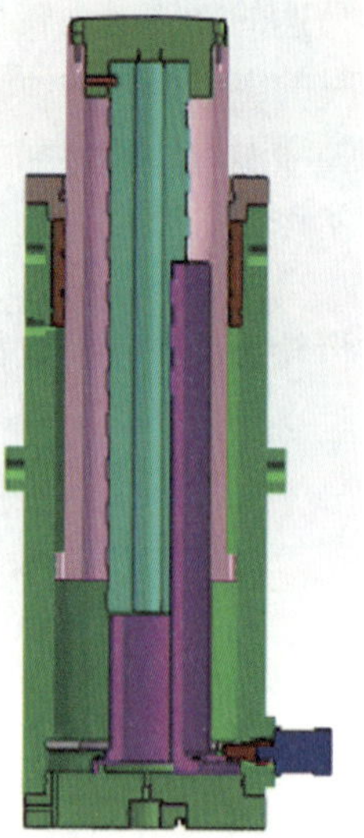

图 4-9　顶保缸示意图

顶保缸设计完成后，进行了 2 台样机的试制以及厂内模拟试验。组合液压缸顶升机构利用高压油通过流量控制阀推动柱塞顶升和平稳下降，保顶机构由恒压变量叶片泵提供动力，通过锥齿轮传动、螺旋传动，使螺母在安全距离内始终跟随柱塞运动，一旦顶升机构失效则可以通过保顶机构承受重物荷载。顶保缸示意图见图 4-9。

5）改进与完善

在顶保缸试验过程中，出现了一些意想不到的问题，对这些问题提出了针对性的改进方案，结果表明，各种措施获得很好的效果。具体完善和改进如下。

（1）小齿轮驱动轴的压力平衡设计。

原小齿轮驱动轴承受 62.8kN 的额定轴向力，最大承受 78.5kN 的轴向力。该轴向力由圆锥滚子轴承承受，当顶保缸缸内压力达到 10MPa 时，虽然轴向力仅 19.625kN，但是液压马达的工作压力达 8MPa 时仍不能使驱动轴运转，因此，当缸内压力达到试验压力 40MPa 时，液压马达的驱动压力将大于 32MPa，对此，要么加大液压马达的工作压力，要么加大液压马达的排量，但从结构合理性角度考虑，显然是不合理的。为此对驱动轴进行压力平衡设计，使驱动轴的轴向力获得平衡。在该设计的实际试验中，液压马达最大驱动压力仅 3.4MPa，表明在驱动轴上的轴向力减少了 99%。此驱动压力主要为克服密封件的摩擦阻力矩，若采用进口密封件则效果更佳。小齿轮驱动轴示意图见图 4-10。

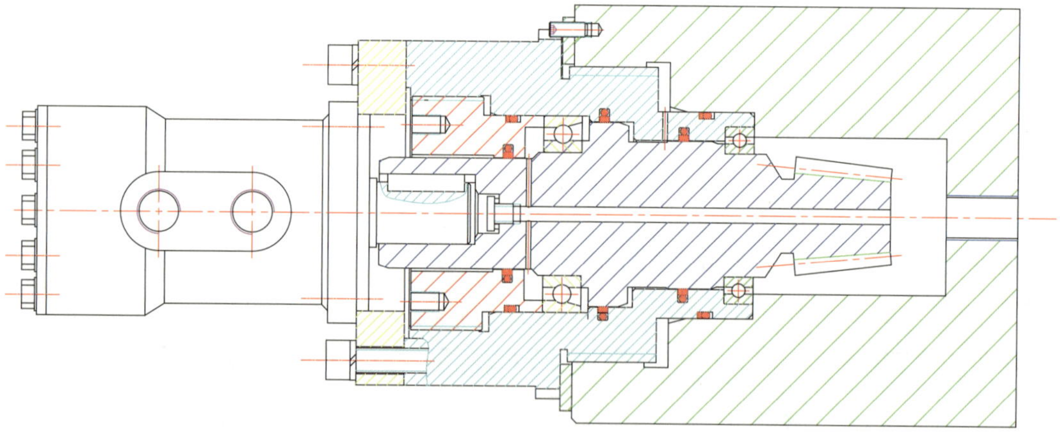

图 4-10　小齿轮驱动轴示意图

（2）螺母－螺杆螺旋副阻力问题优化。

螺母螺杆的梯形螺纹初始是车工件，表面粗糙度和硬度都达不到要求，试验时液压马达带不动螺母。这主要是螺旋副表面粗糙度大，硬度低，表面咬合过程中摩擦力非常大。通过表面渗氮提高螺旋副的硬度，经一段时间跑合后表面粗糙度获得很大提高，在空载条件下，液压马达能以较低压力驱动螺母上下运动。

（3）大锥齿轮与缸底间的摩擦阻力优化。

试验过程中，发现大锥齿轮与缸底间的摩擦阻力会随着压力的升高而增大。缸内压力 18～20MPa 时，液压马达不能旋转。经分析判定，大锥齿轮与缸底间的接触面积过大，油液不能充分进入接触面，为此在缸底接触面上设计较宽的油槽，使高压油引入顺畅，问题获得解决。

（4）螺母外圆与柱塞内圆的摩擦优化。

试验过程中发现螺母与柱塞有干涉，主要存在两方面原因：一是螺杆与大锥齿轮平面的垂直度超差，致使螺母外圆与柱塞内圆摩擦；二是柱塞内圆的限位销槽硬度太低，容易被限位销划伤，从而在内圆表面形成凸凹不平的印痕，这些印痕与螺母外圆发生摩擦。针对这两种情况，一方面将螺母中部的外圆车小，减小螺母外圆和柱塞内圆的接触长度，适当增大螺母两端的外圆和柱塞内孔的配合间隙；另一方面通过局部高频淬火，提高限位销沟槽的硬度。改进后，螺母与柱塞摩擦导致液压马达转不动的情况再也没有发生。

（5）改变限位销结构形式。

原限位销长度与直径之比仅 0.6，因此伸缩不灵活，曾出现卡死现象。后将直径加大，将蝶形弹簧置于限位销内，从而增加限位销长度，使限位销长度与直径之比达 1.2，后续试验表明限位销伸缩顺畅，未出现卡死问题。

优化后的组合液压缸运行更为顺畅，专家评审会一致认为，组合液压缸制作、装配和试验过程安全、可靠，满足船闸人字门顶升各项要求，同意出厂验收。

3. 液压系统设计

常用液压同步顶升系统均采用活塞式双作用液压缸。本项目由于现场条件限制，既要满足 700mm 的顶升行程，又要限制外形尺寸在 1180mm 范围内，为便于控制，采用了柱塞式单作用液压缸。同步顶升液压系统由顶保缸、液压马达、增压器、应急缸和液压泵站组成。其中，液压泵站是动力源，顶保缸、液压马达、增压器和应急缸是执行机构。为保障液压缸工作过程中的可靠性，液压系统主回路设计具有调压、卸载和节流调速三种功能。

1）调压

顶升机构油路的调压回路是一个电磁溢流阀，电磁溢流阀为常开式，泵站在无负荷情况下运转的能耗低。保顶机构的两级调压回路由两种不同规格的溢流阀和换向阀来实现。通过换向阀的换向，接通不同的溢流回路，从而实现两级调压的功能。顶升机构供油油路的调压回路和保顶机构供油油路的调压机构两级调压回路分别见图 4-11（a）、（b）。

2）卸载

卸载回路见图 4-12，当液压缸的压力过大时，卸载回路中的泄压阀打开，释放油缸内的压力，具有安全保护作用。

3）节流调速

节流调速回路见图 4-13，节流调速回路有一个带整流板的电液比例调速阀。换向阀得电后，液压油通过电液比例调速阀到达组合液压缸内。换向阀失电，液压油从组合液压缸内通过电液比例阀回到油箱。

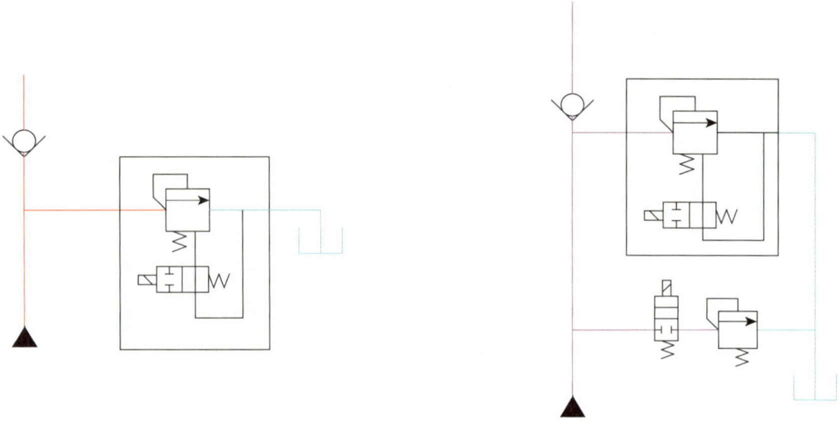

（a）顶升机构　　　　（b）顶保机构

图 4–11　顶、保供油调压回路

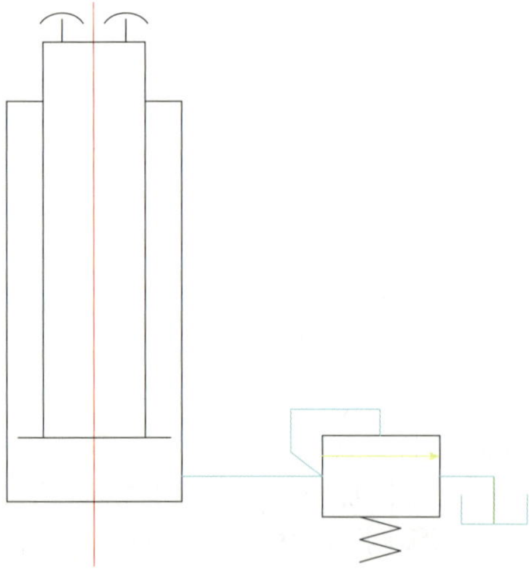

图 4–12　卸载回路

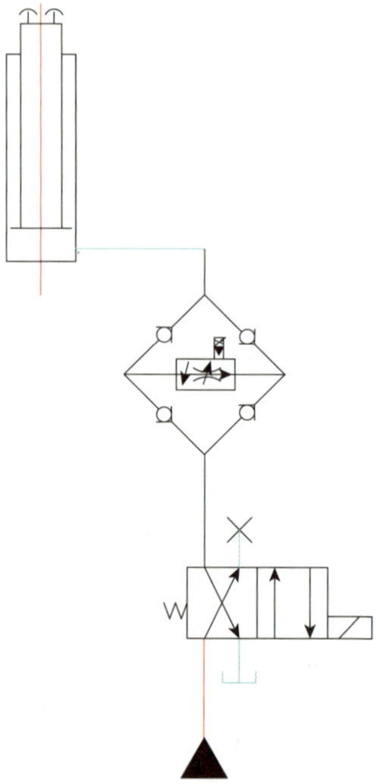

图 4–13　节流调速回路

顶升系统液压泵站带动四台组合液压缸的顶升机构运动，调节每台组合液压缸的工作速度，带动四台组合液压缸的保顶机构运动。带动组合液压缸保顶机构的液压回路有两级调压能力，液压泵站分别有两套独立的供油油路。一个由柱塞泵供油，分管顶保缸的顶升机构和增压器用油；另一个由恒压变量泵供油，供液压马达用油和控制液控单向阀的开启。每个泵各有一套备用系统，当一套系统发生故障时，备用系统立即投入使用，不影响同步顶升系统正常工作。安装在顶保缸上的液控单向阀的开启压力油由驱动液压马达的恒压变量泵提供，使系统简洁并可节省能耗。液压泵站示意图见图 4–14。同时，液压系统设计还具有以下

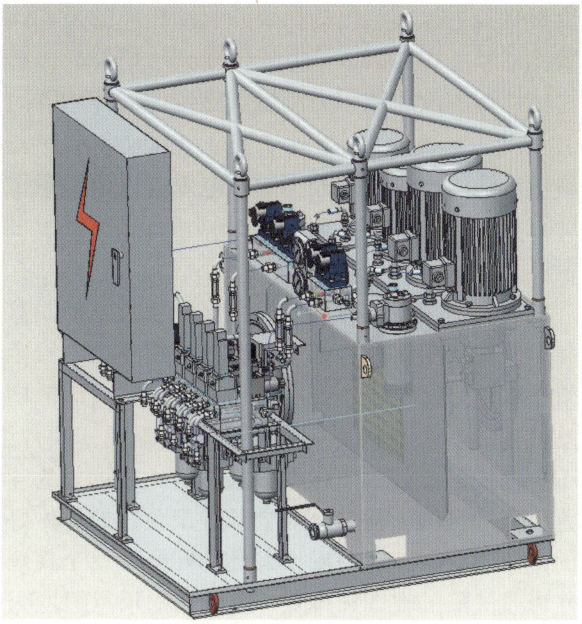

图 4-14 液压泵站示意图

特点：

（1）驱动螺杆做往复运动的液压马达是低速大扭矩液压马达，低速大扭矩液压马达无需通过减速装置直接驱动螺母螺杆的运动，结构简洁紧凑。

（2）装在组合液压缸上的液控单向阀起安全保护作用，液控单向阀的开启，由驱动液压马达的恒压变量泵提供开启压力。采用外泄式液控单向阀，可降低液控单向阀的开启压力，节省能源。

（3）为便于快速转移，所有外接管路均采用质量可靠的快速接头，这种接头既拆装方便、快速，又可大大减少对系统污染的威胁。

（4）采用电液比例调速阀，通过改变节流口的通流面积，改变进入执行器的流量，实现组合液压缸的调速。通过计算机控制系统实现四个组合液压缸的同步顶升和同步下降。采用单向阀组成的桥式整流油路，实施双向调速。

（5）因为组合液压缸是单作用的，它必须靠重力下降，为了保证组合液压缸在空载时的下降，采用两位截止阀，使组合液压缸在空载时没有回油压力，通过保顶机构实现组合液压缸空载下降。

（6）当电磁铁得电时，液压顶升油路通油，实现组合液压缸的顶升。换向阀失电，液控单向阀打开，实现组合液压缸的下降。当电磁铁得电时，液控单向阀的控制油路压力油使液压锁打开，组合液压缸可下降。电磁铁失电时，液压锁关闭，组合液压缸被锁定。

（7）采用先导式溢流阀，工作压力稳定，直动式溢流阀一般只能用于低压小流量工况，高压或大流量时稳压性能差。

（8）为了保证调速阀的清洁度，采用 BR 系列双向可逆过滤器 BR-160 × 5P。因为一般过滤器油液只能单方向过滤，采用双向可逆过滤器，能简化系统的管路，节省空间，使系统布置更为紧凑。

（9）在系统中溢流阀的设定压力较小，而先导式溢流阀的设定压力值比较大，这样在马达正反转时（也就是螺母的上升和下降），可以实现两级调压，不用来回手动调节溢流阀，在马达反转时，电磁铁得电，从而由先导式溢流阀转换到溢流阀。

4. 同步控制系统开发

同步控制系统设计由主控箱、动力源模块（泵站控制盒）、测量反馈模块（油缸控制盒）、传感器模块和相应的配套软件等组成。主控箱承担控制中心作用，内置式单片机每隔 200ms 与触摸屏、泵站控制盒和油缸控制盒交互数据和指令信息，数据传输方式包含 CAN 传输和 RS485 串口传输。主控箱负责数据的处理和显示并给出相应的动作指令，泵站控制盒负责接收主控箱给出的指令并驱动相应的泵和阀，测量反馈模块随时采集传感器传回的模拟数据并经处理后以数值方式传输到触摸屏，传感器模块包含磁致伸缩传感器的位移测量和压力传感器的液压油压力测量。磁致伸缩传感器内置于液压缸内，采用线性非接触测量，绝对值输出，无磨损，体积小，抗干扰能力和抗冲击指标强，线性误差小于 0.04%。压力传感器将液压油的压力通过晶体的压电效应以模拟量传回测量模块，经过转换后以数值形式传输到计算机。压力传感器安装在柱塞液压缸腔内，即时反映顶升柱塞缸的工作压力，可靠性强、精度高。

控制结构包括一台主控箱、一台泵站控制盒、四台主缸控制盒和三根通信线，该结构布局方便现场组装和拆卸，也有利于现场用电安全。主控箱制作成带翻盖的手提箱，不用时将盖子收紧方便携带，使用时将盖子打开，即插即用，设计上更加人性化。通信线为三根：泵站通信线、组合液压缸通信线及电源线，四台组合液压缸采用与通信线连接的距离来区分 ID，离线最近处为 1 号组合液压缸，最远处为 4 号组合液压缸，不再需要进行其他额外的设置，更加方便。强电电源全部置于泵站处并做好所有的用电安全措施，在其他结构件内使用的电压为 24V，保障操作人员的安全。整个现场结构简单，使用方便，线路清晰，有利于操作以及故障的查询和排除。控制结构示意图见图 4-15。

图 4-15　控制结构示意图

液压缸检测机构由磁环架、磁环、隔离环和磁致伸缩传感器组成。磁环架固定在柱塞顶盖上，磁环和隔离环固定在磁环架上，可随柱塞一起移动，磁致伸缩传感器固定在缸底上，电信号线从液压缸底盖引出。当柱塞伸缩时，磁环与磁致传感器做相对运动，于是将柱塞的位置信号通过信号线传至计算机控制系统，实施闭环同步控制。四台组合液压缸每个周期内通过磁致伸缩传感器即时测出组合液压缸柱塞的位移，三台从缸位移与主缸位移进行比较，经主控箱采用 PI 调节算法实时控制，实现四缸同步运行，同步误差可控制在 1mm 以内，同时保顶机构同步跟随，使之与活塞顶端的间隙小于 2mm。该控制方式的优点是采用一个油缸作为同步基点，其他三个油缸通过调节比例阀的 PWM 值来改变位移，有效地保证四个组合液压缸的同步运行，也确保了整个系统的速度匀速上升或下降。控制系统方框图见图 4-16。

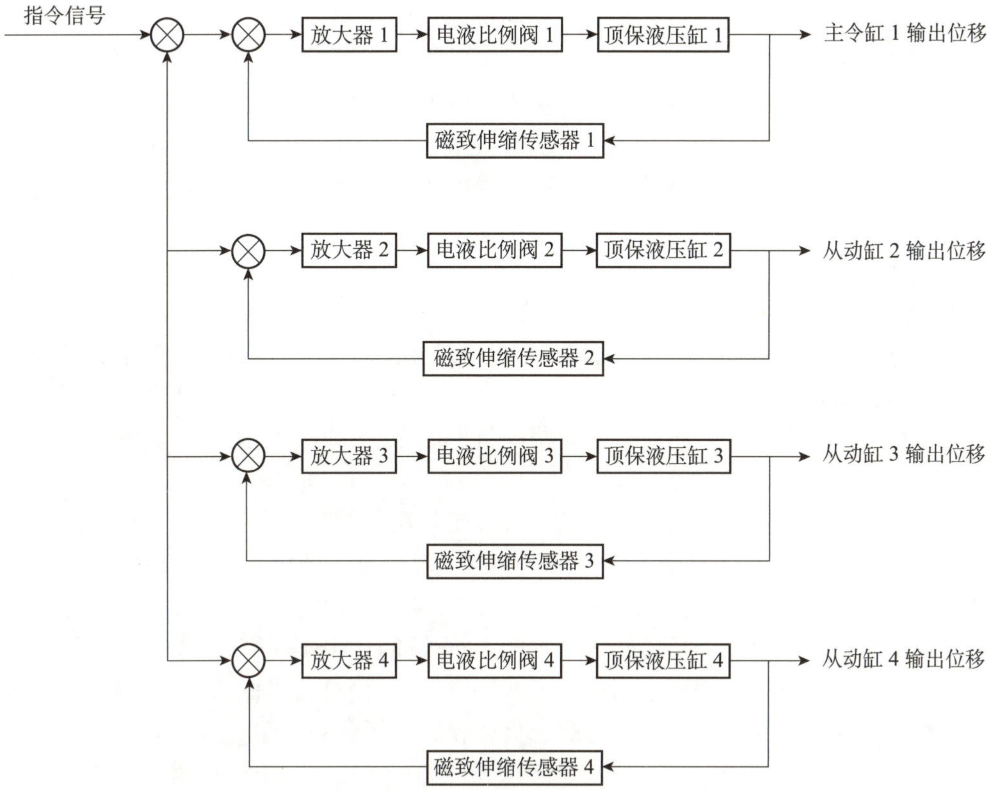

图 4–16　控制系统框图

测量反馈系统能有效可靠地反映当前设备的运行状态以及人字门的空中姿态，实现了全自动控制和监测。采用电液比例阀控制柱塞的运动速度，通过放大电路控制电液比例阀工作，使组合液压缸根据反馈信号完成调整，从而实现四个组合液压缸同步顶升（或下降）。电液比例阀与主控箱组成的电液控制系统具有控制精度高、安装使用灵活以及抗污染能力强等优点。整套泵站系统还具有紧停功能，在拍下紧停操作后，组合液压缸自动锁定在当前位置，阀回到中位，电机停止。

5. 试验

一套同步系统包括四台组合液压缸、一套同步控制系统和一台液压泵站，三种设备独立组装，为了保证组合液压缸的整体性能，加工完成后，对零部件的重要尺寸进行复测，对重要零部件和组件进行预装配测试。全部组装完成后，对成套系统进行联合调试与加载试验，以确保系统的可靠性。

1）装配调试

同步系统关键组件为马达、保顶机构、泵站等。主要调试有液压马达组件的压力试验、保顶机构空载阻力矩试验、螺母螺杆保顶间隙测量、保顶试验、单个液压缸试验和四组合液压缸联动试验。液压马达组件压力试验是将马达组件安装到一个能承受 40MPa 的试验油腔装置上，模拟小齿轮在组合液压缸中的工作工况，然后对试验油腔加压，测试液压马达在各种压力下运动的压力，检查马达组件零部件和整体装配的质量。保顶机构空载全行程阻力矩测试是通过液压马达带动保顶机构运转，检测保顶结构空载下的液压马达的驱动压力，检查保顶机构中的齿轮啮合运动和摩擦副相对运动是否稳定和正常。保顶机构保顶间隙测量是利用百分表测量保顶机构的机械间隙，从而检测保顶机构的安装质量。

液压泵站压力调试则是将主泵压力升高至 35MPa，保压 10min，观察压力是否稳定，无异常响声，泵站连接硬管焊缝和法兰等管路连接处无泄漏。同时要求液压泵站油压正点到达时，泵站器件动作准确，各换向阀换向及时。

同步控制系统调试包括控制元器件和系统调试两部分。控制元器件的调试在制作阶段，检测控制元器件的电路连接的准确性、电路可靠性和适应性，确保元器件制作质量。其中，磁致伸缩位移传感器校订和压力传感器校订也是控制元器件调试的两个重要组成部分。系统调试是在元器件调试的基础上模拟整个系统的各种工况进行的试验，主要考察控制动作信号试验，控制信号准确，电机开闭正常，控制阀信号正确，确保系统的可靠工作。

2）厂内联调试验

四组合液压缸联动试验是最为重要的一环，也是决定同步顶升系统能否出厂验收的关键评判依据。四缸同步顶升试验采用反力架法加载。反力架主要由上下顶板和四根拉杆组成。上顶板固定一台 TLJ-4500 油缸，额定顶升力 450t，作为加载缸。下顶板放置一台组合液压缸，作为测试缸。总共有四个反力架，反力架之间通过 H 型钢相连成为一个稳定的结构。整个结构的底部有支撑结构，使整个结构稳定地放置在平面上，见图 4-17。试验时，利用 450t 油缸作为加载缸，模拟组合液压缸在空载、负载和保顶状态下的性能。

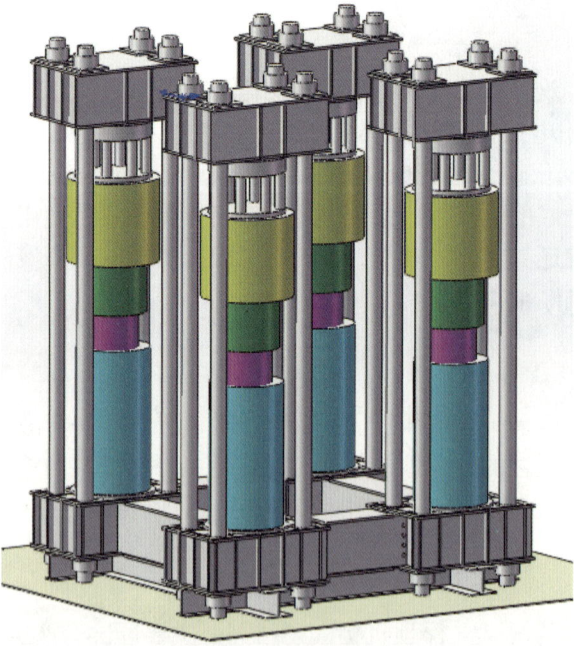

图 4-17 四缸同步测试平台

（1）空载及同步运行试验表明四组合缸空载运行平稳，液压泵站工作良好，控制系统运行正常，同步精度 1mm 以内。

（2）加载及同步运行试验表明组合缸空载运行平稳，液压泵站工作良好，控制系统运行正常，同步精度 1mm 以内。

（3）组合液压缸泄漏试验中，液压缸油压加到 40MPa，组合液压缸无泄漏现象。

（4）组合液压缸保顶试验中，液压柱塞与保顶机构全伸，油腔压力为 0，450t 加载缸将 420t 荷载作用在组合液压缸的保顶机构的保顶装置上，组合液压缸各项指标良好。

同步顶升系统的厂内试验验证了系统在各种荷载工况下能够安全可靠地工作，同步顶升系统的同步精度在 1mm 以内，保顶间隙在 2mm 以内。

3）现场试验

同步顶升系统投入使用前，利用船闸叠梁门模拟人字门顶升全过程，在现场连续进行了同步顶升系统的加载顶升及回落试验。

顶升过程中，电机带动柱塞泵工作，液压油通过单向阀、过滤器到达两位四通换向阀，经比例阀调节后，再通过快速接头到达液控单向阀，进入组合液压缸，驱动柱塞向上运动。电机带动恒压变量泵工作，液压油通过单向阀，到达处于中位的三位四通换向阀，再通过快速接头到达液压马达，液压马达带动组合液压缸保顶机构的螺母沿轴线向上运动，带动螺纹传动副的螺杆紧跟柱塞上升，柱塞带动叠梁门上升。

下降时，在液压马达反向驱动下，螺母首先反方向旋转，使螺杆回缩，通过限位销，保证螺杆脱离柱塞顶部一个很小的距离，然后柱塞回缩带动叠梁门下降。在柱塞回缩的过程中，螺杆和柱塞始终保持一个很小的距离，这样，既能满足柱塞回缩（下降）过程的同步控制，又能在柱塞液压缸失效时及时保顶。

三扇叠梁门重约 700t，接近人字门重量，四台液压缸顶升高度均达 680mm，模拟人字门检修工况。经多次反复顶升和回落，四台组合液压缸的同步精度始终保持在 1mm 以内，保顶间隙保持在 2mm 以内，整个试验过程安全可靠，无异常状况。船闸叠梁门顶升现场见图 4-18。

(a) 叠梁门布置

(b) 叠梁门顶升

图 4-18　叠梁门同步顶升现场

4.2.3　应用成效

2017 年 2 月，三峡北线船闸计划性停航检修期间，由 1 家施工单位采用三峡船闸人字门同步顶升系统在 40 天内安全顺利地完成了 8 扇人字门的顶升检修，而以往 1 家施工单位 20 天内最多完成 2 扇人字门的顶升检修。三峡船闸人字门同步顶升系统使施工效率提高 1 倍，且由于同步顶升系统的各项技术进步，检修安全、工期、质量的可控性明显提高。

2018 年 2 月三峡南线船闸计划性停航检修，完成 6 扇人字门的顶升和回落。每扇门的顶升时间缩短为约 55min，回落时间缩短为约 70min。

内置机械保顶同步顶升系统结构精简、功能强大，显著提高了人字门顶升检修的安全、进度的可控性，提高了施工效率，促进了施工质量的改进。一体化结构双重安全支撑，顶升力可靠，可以使人字门顶升或固定过程中人字门力量全部集中于底部四个承重钢板，不需外加辅助支撑，可避免传统方式造成的人字门底部四个承重钢板以外部位受力，会对门体结构产生破坏的风险，保顶过程中没有承载面的变换，保顶更直接，更可靠。人字门升降过程中，机械保顶装置同步跟随液压柱塞，液压柱塞与内置机械保顶装置起到双重安全支撑，人字门固定后进行人字门其他检修时，更为安全可靠。四缸同步顶升精度为 1mm，实际使用过程中，同步精度控制在 0.3mm 以内。同步控制系统在最大限度地发掘设备响应速度的基础上采用智能算法，提高了液压柱塞的同步精度和保顶跟随精度，人字门顶升与回落的运动姿态非常稳定，通过打通工业显示屏的底层通信协议，实现了工业显示屏和单片机的快速联通，通信精度更高。

同步顶升控制系统操作界面实时显示四缸液压柱塞与机械保顶位移、荷载、压力等关键参数；可单点操作，也可对任意几个缸同步操作；发生位移、同步精度、压力、系统通信等异常工况时，系统自动报警或停机。根据三峡船闸人字门检修需求，制定了严谨且简洁的控制流程，1 个人即可完成人字门的顶升与回落过程控制。操作流程简洁，人字门各项调整动作可视且可控，直升直降，直接将人字门顶升与回落到位，避免了换手导致人字门不能回落到原位的风险。

图 4-19　人字门同步顶升现场

通过自主研制的三峡船闸人字门同步顶升系统，实现了大批量人字门顶升检修的技术突破，使得一批次人字门检修能力由 4 扇提高至 8 扇或更多，人字门同步顶升现场见图 4-19。通过技术创新，突破了检修效率的瓶颈，人字门顶升检修是每次计划性停航检修的重点难点与工期控制项目，通过同步顶升系统安全、快速实现人字门顶升和回落，为人字门整体检修提供了便利、赢得了时间。液压柱塞内置机械保顶的顶升保顶一体化结构形式，属国内外首创。

4.3 输水廊道斜井段缺陷检测工装研制

4.3.1 检测工装研制背景

三峡船闸2003年6月16日投入试通航，自2012年起，定期开展计划性停航检修，每次停航检修都对斜井段以外部分输水廊道进行了检修，三峡船闸南北两线输水廊道共有16个斜井段，斜井段坡度大（57°）、高度落差约40m、横截面积约22m^2、过流面湿滑，斜井段处于地下深处，全黑无照明。由于受空间、位置、交通限制（与闸面最大高差达70余米），每次检查时需敷设临时照明，转运、拆装大量脚手架钢管材料等，耗时较长，缺陷检测与修复难度大，不能满足三峡船闸快速检修的需求。2006年三峡船闸完建期在南三斜井段进行了裂缝修补，检查与修理通过搭排架完成，工程量大且工期长。经调研，市场无成熟设备或工装可满足在停航期间内完成8个斜井段的缺陷检查或修理。输水廊道斜井段结构示意图见图4-20。

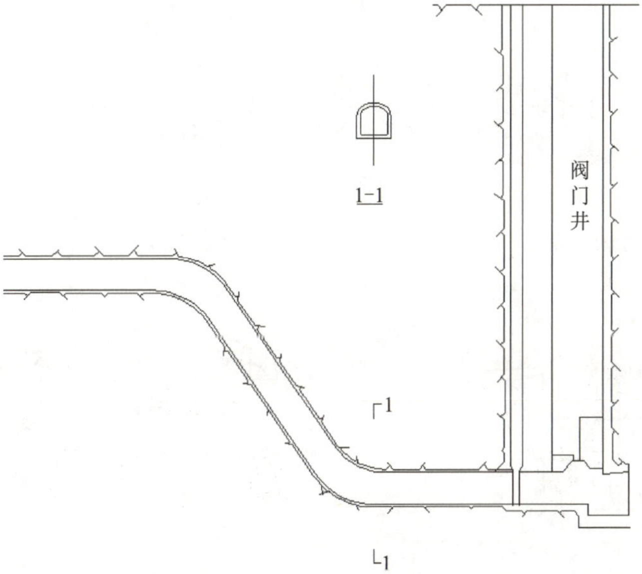

图4-20 输水廊道斜井段结构示意图

4.3.2 检测工装研制

1. 输水廊道斜井段缺陷检测与检修方案比选

输水廊道斜井段缺陷检测与检修要求方便快捷，工装设备布置与使用不破坏井内设备设施。关于三峡船闸输水廊道斜井段检修工装的研制方案，先后征集了国内多家科研院所的意见，最终对“检修一体化”工装方案及“小车式”缺陷检测方案进行了比选研究。

1）检修一体化工装方案

检修一体化工装主要由定锚车设备和工作维修车构成，见图4-21。定锚车设备可以依靠人工进行移动和行进，除车体架和电动钢丝绳转扬装置、微型液压泵站及行走车轮外，其余部件都可方便地拆卸和安装。定锚车的结构包括四轮胎行走机构、电动钢丝绳转扬装置、前左右横锁顶装置、前上下锁顶装置、后左右横锁顶装置、微型泵站和臂架机构，见图 4-22。

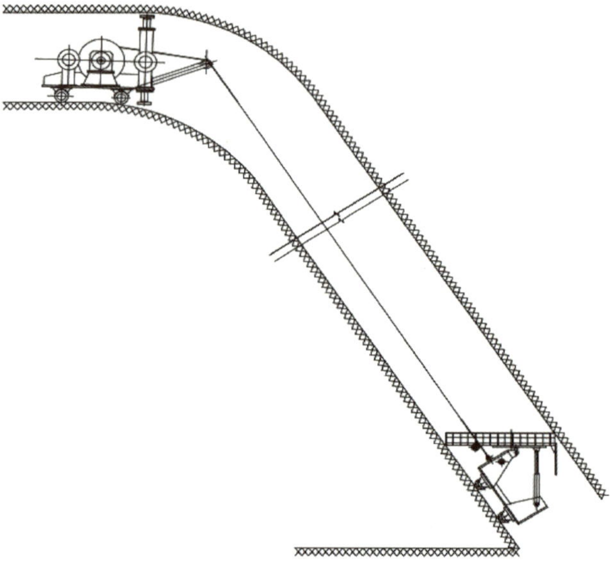

图 4-21 检修一体化工装方案示意图

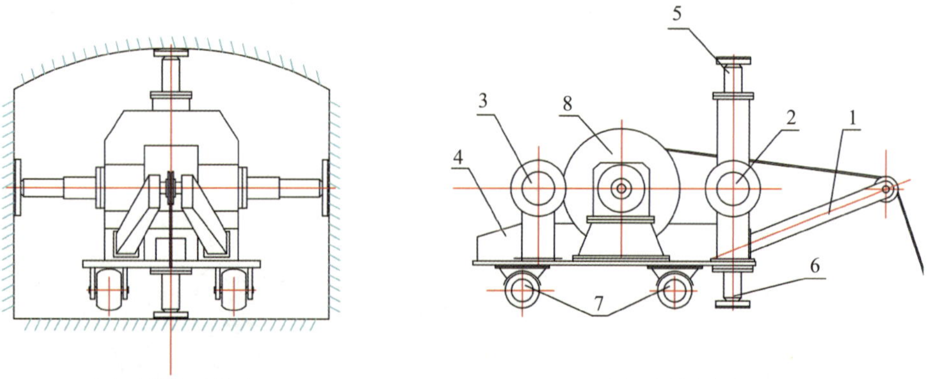

（a）定锚车正视图　　（b）定锚车侧视图

图 4-22　定锚车设备

1—臂架机构；2—前横锁顶装置；3—后横锁顶装置；4—车体架；
5—前上锁顶装置；6—前下锁顶装置；7—行走机构；8—转扬机构

工作维修车设备无动力装置，全套设备可用人力推行移动，行走和移动的行走机构是四轮胎行进，当工作车行进到准备工作区域时，首先要调整工作车在隧洞的中心线上，调整时根据隧洞的横向距离，伸出导向轮机构（带缓冲器），用纠偏斜机构使工作车的两边导向轮机构的滚轮正好贴在左、右混凝土隧洞洞壁的表面，将定锚车设备上伸出的牵引钢丝绳挂上工作车的挂钩后，可带动工作车的行走机构，使工作车向前移动，到斜坡隧洞维修区域时，再升起液压倾斜机构装置工作平台，直到工作平台呈水平状态即可（折叠式工作平台采用高强度的铝合金材料）。首先要将两个横向锁顶液压缸顶住隧洞内壁表面，其作用是使工作平台平稳和安全，然后在工作平台上进行检修工作。当工作车向前行进时，必须首先将两个锁顶液压缸缩回后才能够使工作车行进。这时牵引钢丝绳对工作车的作用是对工作车和操作人员起到保证安全的作用，同时使维修工作车平稳前移。

工作维修车设备主要包括伸缩机构装置、牵引装置、液压行走机构、横向锁定机构、导向轮机构、折叠式工作平台、车体架等，见图 4-23。

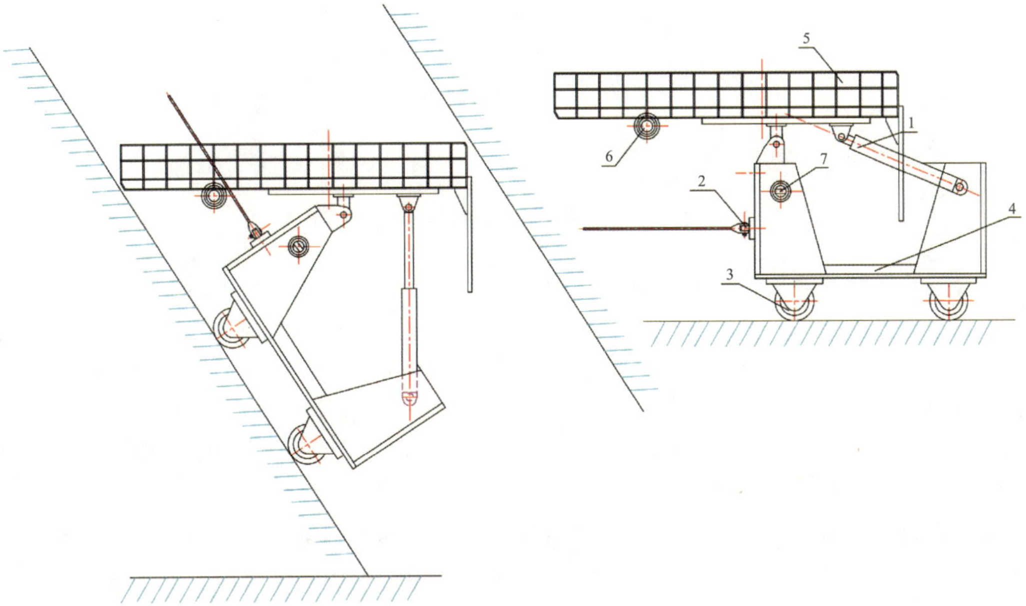

图 4-23 工作维修车

1—伸缩机构；2—牵引装置；3—行走机构；4—车体架；5—工作台；6—锁顶装置；7—导轮装置

2）“小车式”缺陷检测方案

该方案的基本思路是：用搭载高清摄像头的移动小车沿斜洞运行，对壁面状态进行视频检测，见图 4-24。移动摄像头检测系统包括监控车和检测车。监控车用于提供监控和分析界面，遥控和吊挂检测车；检测车用于在斜洞段运行，采集视频图像。两个小车可独立存放和运输；工作时，它们之间用尼龙绳连接，并通过无线通信传递视频图像和控制信号。两车均可利用起重机吊放到水平廊道段，然后由人工推到斜洞段边缘，开始检测作业。

摄像头采集到的视频图像通过无线信号回传到监控车，供操作员观察，同时记录在监控车主控机硬盘中，操作员可利用监控软件遥控操作检测车摄像头转动、调焦，对可疑位置进行详细观察，检测车运动到斜洞底部后，操作员控制尼龙绳回收，拖带检测车回到顶端，完成一次检测，放空监控车配重水箱，回收系统。回到地面后，操作员利用监控软件读取硬盘内存储的高清视频记录，进行细致观察和分析，确认廊道表面破损状况和位置。

检修一体化工装方案既能用于缺陷检测，又能作为缺陷修复施工工作平台，但工装结构较复杂，重量较大，廊道内拆装行走较难，工作面展开准备工作复杂、耗时长。“小车式”缺陷检测方案只能完成缺陷的检测，不能解决缺陷修复施工难题，但“小车式”工装简易小巧，设备布置方便，缺陷检测快捷高效。另外“小车式”工装试制成本较低。

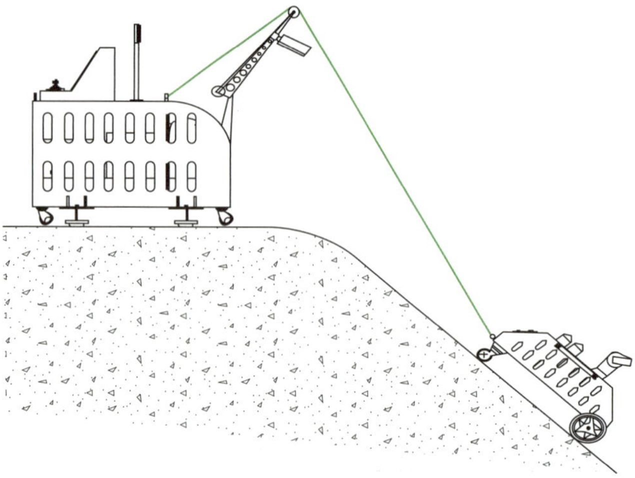

图 4–24 “小车式”缺陷检测方案示意图

结合三峡船闸输水廊道检修的特点和要求，经研究论证，输水廊道斜井段检修拟分缺陷检测与缺陷修复两阶段进行，采用缺陷检测和缺陷修理两种不同工装，分别完成斜井段的检查和针对性修理。先研制缺陷检测工装，完成检测确定缺陷状况后，再根据检测情况安排布置缺陷修理工作。

2. 检测工装主要技术要求

输水廊道斜井段缺陷检测工装（以下简称检测工装）主要用来对船闸输水廊道斜井段壁面缺陷进行检测识别。为便于布置，要求该检测工装采用移动电源驱动，具备自动行驶、路线纠偏、缺陷识别及自动生成检测报告等功能。总体功能要求如下：

（1）具备高清视频成像功能，可遥控摄像头 360° 环视扫描，确保无死区检测。

（2）具备远程调焦的功能。

（3）具备自驱和转向功能，可远程遥控行驶、转弯和行驶路线纠偏。

（4）具备缺陷特征准确定位、识别功能。

（5）具备实时传输无线视频信号及无线通信的功能。

（6）具备缺陷信息在线存储功能。

（7）具备自动生成缺陷报告的功能。

考虑工装设备运输、吊装与布置便利性，检测小车与监测小车要求重量小于 100kg；工装从闸面至廊道应通过反弧门下游检修门井吊装运输，受限于井口尺寸，最大单体设备尺寸长（L）× 宽（W）× 高（H）应不大于 2.5m × 1.05m × 2.5m。

检测精度满足约 0.2mm 宽度裂缝检测无遗漏，缺陷定位精度不低于 0.5m；视频记录仪数据传输采用通用 USB 接口；记录容量不低于 1TB；因使用环境潮湿，具有浸水风险，主要设备应进行防水设计，最低防护等级不低于 IP65。

3. 硬件设备设计

根据工装技术要求，检测工装设计主要由检测小车与监测小车构成，其连接示意图见图 4–25。检测小车排绳绞车绳索末端的连接扣与监测小车上的吊环螺钉相连。

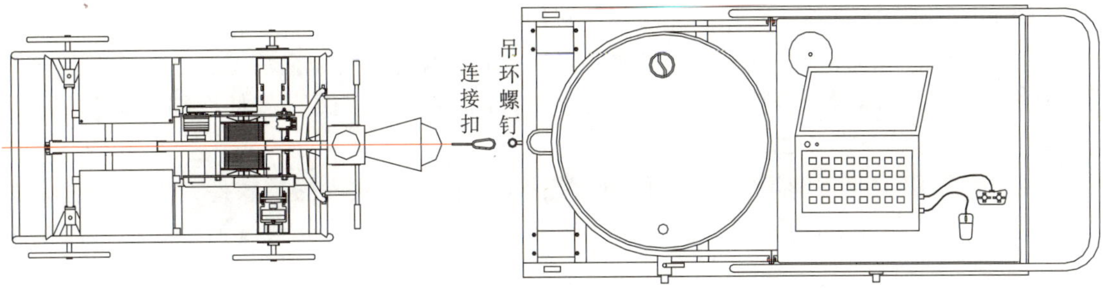

（a）检测小车　　（b）监测小车

图 4–25　检测工装连接示意图

检测小车的结构主要包括车架底盘、排绳绞车、高清摄像头、辅助灯源、辅助摄像头、无线通信天线、测距雷达、控制箱、电源箱及可伸缩撑杆等。

车架底盘是其他组部件的承载平台，主要由车架、车轮、齿轮齿条转向器、行走驱动组件、转向驱动组件等组成。车架为轻质铝合金材料，驱动组件均采用直流伺服电机驱动。

排绳绞车安装在检测小车上，用来进行检测小车的布放与回收，其主要由侧板、主传动带、绞车驱动组件、卷筒、排缆丝杠、排缆器传动带及排缆器等组成。

控制箱内主要布置有网络交换机、直流电源、驱动电机控制器、转向电机控制器及绞车电机控制器、串口服务器、测距雷达控制器及离合刹车控制模块。控制箱面板上设置有九个电连接器、一个控制开关及一个熔断器。电源箱内主要放置有 48V 35AH 锂电池、高清摄像头电源、逆变器、高清摄像头连接器及供电电池连接器。

高清摄像头及辅助灯源均安装于可伸缩撑杆的末端，工作时可通过伸长撑杆使摄像头至 2.5m 高度，并保持与地面平行。其结构见图 4-26，可伸缩撑杆为多段式结构，工作前将摄像头放至指定位置后，用锁紧螺钉将各段撑杆分别锁紧，工作结束后卸下锁紧螺钉，将摄像头放至回收状态。

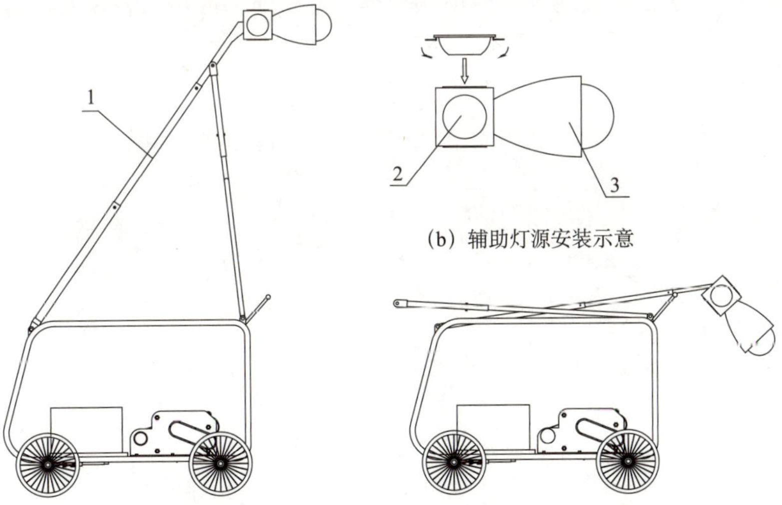

（b）辅助灯源安装示意

（a）工作状态　　（c）回收状态

图 4–26　高清摄像头、辅助灯源及可伸缩撑杆结构

1—可伸缩撑杆；2—辅助灯源；3—高清摄像头

监测小车则包括车体、水箱、无线通信天线、小型直流电源、控制台及操作手柄。监测小车车体由槽钢焊接而成，其上安装有水箱及操作台，操作台可以向后掀起，以便顺利向水箱中注水，工作时将操作台置于水平位置并将撑杆用紧固螺钉锁紧。车体底部还安装有地脚及脚轮，具体结构见图 4-27。

控制台采用工业型笔记本，放置在操作台上。控制台内置操控软件，外部通过小型直流电源供电。无线通信天线通过卡箍固定在天线安装座上，其通过另一小型直流电源供电。

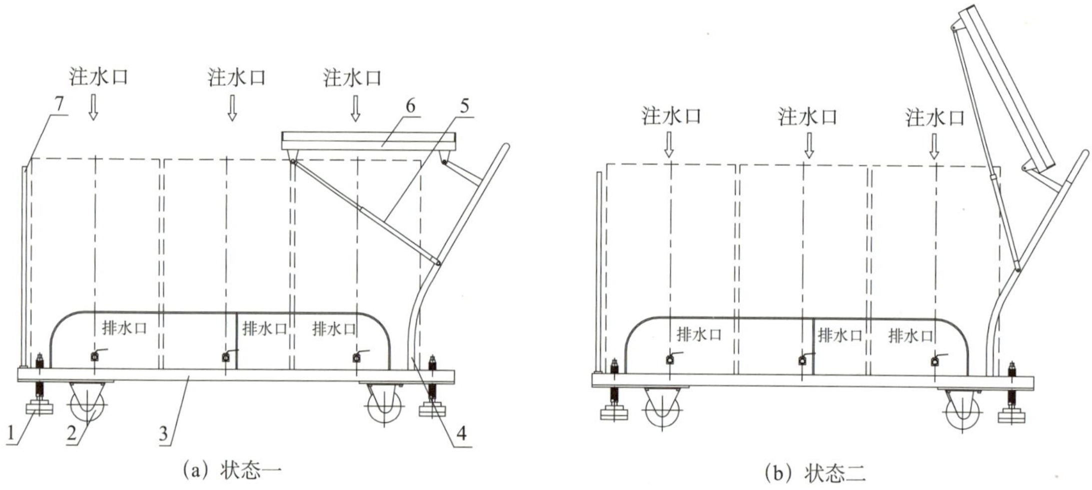

图 4-27 车体结构示意图

1—地脚；2—脚轮；3—车架；4—扶手；5—撑杆；6—操作台；7—天线安装座

输水廊道斜井段检测工装工作原理示意见图 4-28。先利用起重机将检测小车及监测小车放入输水廊道内，为防止吊装的过程中检测小车发生碰撞，可在吊装时采用运输平板或专用的吊装工装。

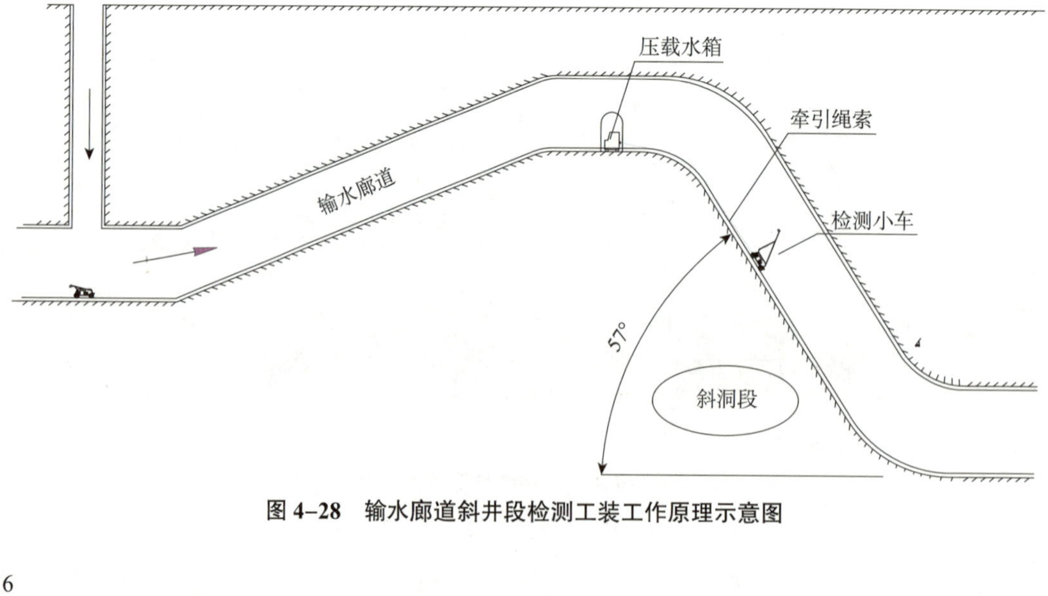

图 4-28 输水廊道斜井段检测工装工作原理示意图

将监测小车放置在指定的安装基点处，将其上的水箱内注满水，锁紧脚轮并旋紧地脚。将检测小车收放绳索尾端连接扣与监测小车上吊环螺钉相连，将可伸缩撑杆竖起，使高清摄像头至 2.5m 高度，拧紧撑杆锁紧螺钉。将防撞保护架安装至小车上横梁两侧的安装孔内。

启动控制台，开启控制箱电源。通过操作手柄控制小车缓慢前行，同时控制绞车收放电机缓慢释放尼龙绳。检测小车在斜井段每移动相应步距，便控制摄像头 360° 旋转对廊道断面进行全方位环视扫描，直至全段检测完毕。在检测过程中，当车架两侧的测距雷达显示检测小车偏移行进路线（最大允许 0.5m）后，可通过手柄控制小车前轮进行转向，实现路线纠偏。小车行进步距 L 的大小可通过排绳绞车电机来控制，根据摄像头的视角范围确定步长的大小后，即可计算出绞车电机旋转的圈数，然后通过绞车电机编码器准确控制行进的距离，实现轴向方向的定位。

周线方向上，通过遥控摄像头 360° 周向旋转，可对廊道的圆周面进行环视扫描。当小车轴向固定后，遥控摄像头旋转，使缺陷位置位于焦点的正中央，此时根据摄像头驱动马达旋转的角度 α，即可确定缺陷在圆周方向上的准确位置。可疑缺陷位置确定方法见图 4-29。

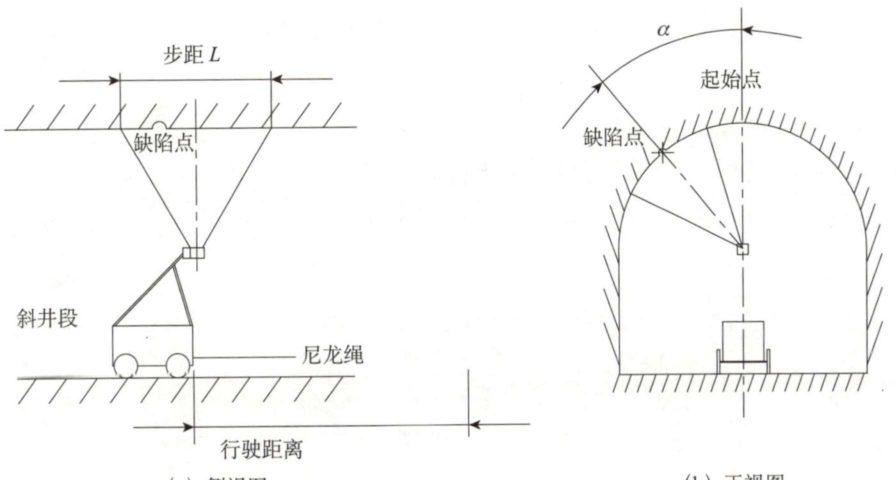

（a）侧视图　　（b）正视图

图 4-29　可疑缺陷定位方法示意图

检测过程中，对发现的可疑缺陷（0.2mm 以上裂缝），可遥控高清摄像头调焦，对可疑缺陷部位进行详细观察。通过控制台还可进行缺陷抓取、缺陷信息手动输入等操作。检测完毕后，操控软件可自动生成当前廊道的缺陷检测信息报告。

4. 操控软件设计

三峡船闸输水廊道斜井段检测工装配套软件安装在主控端计算机中，用于显示小车状态及各传感器信息以及控制小车完成各种检测功能。

输水廊道斜井段软件主界面见图 4-30，主界面大致分为 8 个区域：车载辅助摄像头监控区域，主摄像头监控区域，小车位置信息图像显示区域，缺陷信息显示列表，主摄像头控制及显示区域，小车前后、转向及绞车控制区域，小车位置信息文字显示及电压数据显示区域，菜单选项。

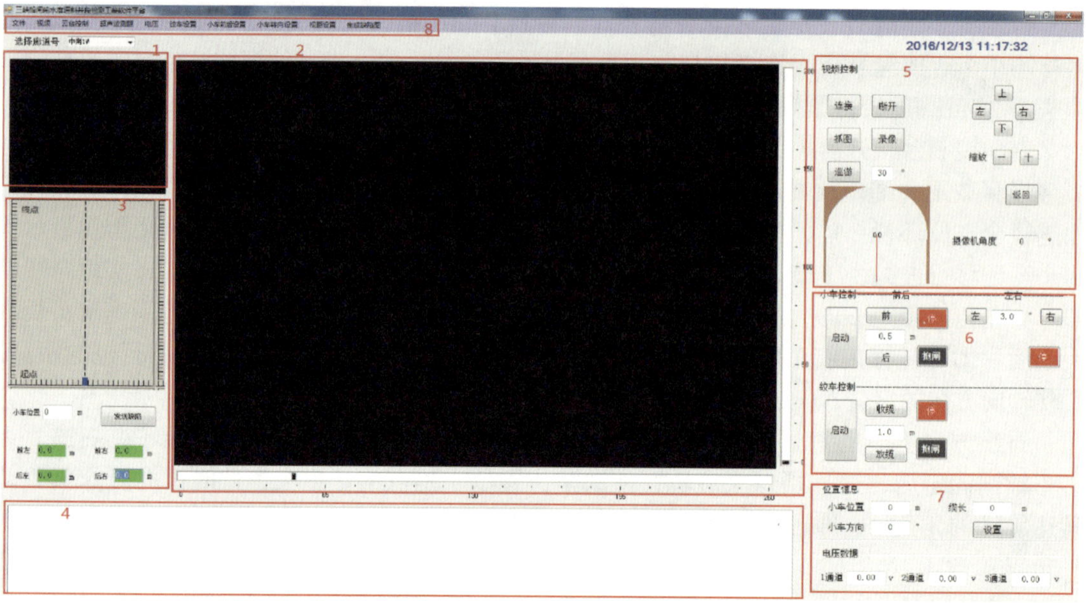

图 4-30　输水廊道斜井段检测工装操控软件主界面

5. 检测报告格式设计

检测缺陷的图像与视频记录可自动分类存储，便于检测后进一步观察与分析，提供直接的可视化信息。检测报告及缺陷分布图也可自动生成，作为系统统计。缺陷分布报告图见图4-31。

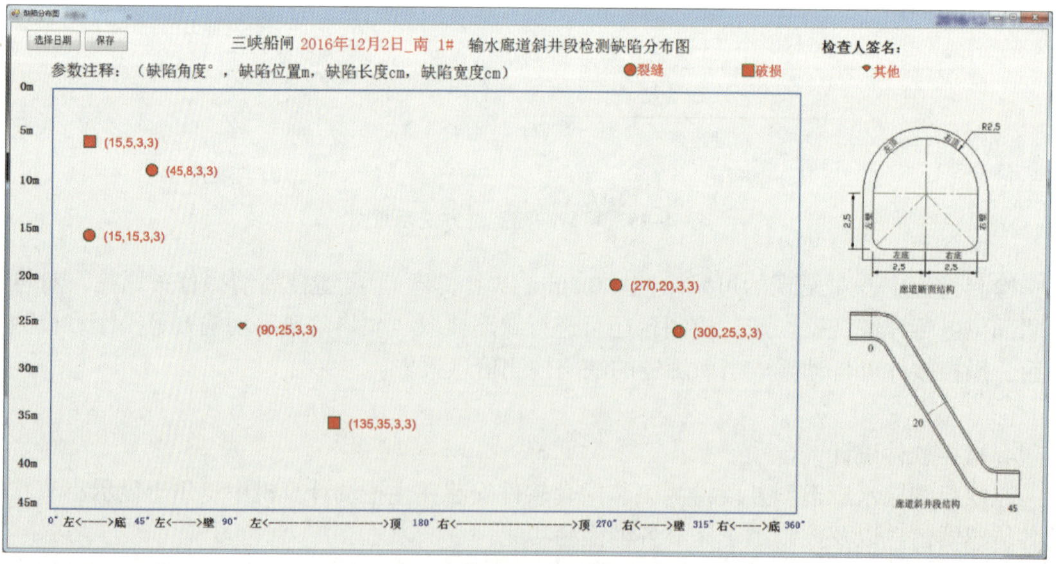

图 4-31　缺陷分布报告图

6. 试验与改进

2015 年 2—3 月期间为三峡船闸南侧闸室停航检修时间，在此期间项目组对南侧闸室输水廊道斜井段进行了检测试验。

将检测工装及监测小车通过吊车吊放至输水廊道内，然后沿输水廊道将检测工装及监测小车移动至靠近斜洞段起始处。先将监测小车固定，并将检测工装布放至斜洞段。开启监控平台并完成与检测工装的通信，控制检测工装沿廊道斜井段进行检测作业。检测作业现场见图 4-32。

1）试验前准备

（1）将监测小车移动至指定位置，然后将四个地脚旋下，使脚轮脱离地面，向监测小车上的三个空水箱内灌满水。

（2）将 10mm 尼龙绳的一端固定在监测小车上，另一端与吊车的挂钩相连，确保监测小车固定牢靠。

（3）将检测工装上的排绳绞车的绳索固定在监测小车上，打开控制箱电源，开启监控平台并检查通信是否畅通。

（4）通过监控平台控制排绳绞车进行放绳，并控制驱动电机驱动工装向前移动，直至工装到达斜井段顶部弧面处，设置当前位置点为检测起点。

图 4-32 检测工装检测作业现场

2）廊道斜井段壁面裂纹检测试验

（1）启动排绳绞车，按设置的步长进行放绳作业。

（2）检测工装沿斜井行驶至指定位置后排绳绞车停止并锁定，打开高清摄像头并对廊道进行 360° 环视扫描。当发现可疑目标后调整摄像头焦距并对可疑缺陷仔细观察和捕捉，截取缺陷信息并保存。

（3）重启排绳绞车进行放绳，并仔细观察两侧雷达数据，当发现检测工装偏移廊道中心后，启动转向机构进行纠偏，直至检测工装重新回到中心轴线附近。

（4）按上述步骤对整个廊道进行分步检测并记录各步长内的缺陷信息，直至整个廊道检测完毕。

（5）检测完毕后，启动排绳绞车进行收绳作业，并根据两侧雷达反馈数据实时对路线进行纠偏，直至检测工装回到检测起点。

通过对三峡船闸输水廊道斜井段检测工装进行试验，检验了该工装的综合性能。试验结果表明，所研发的三峡船闸输水廊道斜井段检测工装满足技术指标的要求，结构设计合理，各部件工作可靠，能满足现场快速检修的需求。同时，试验过程中也暴露出了一些问题，在后续过程中针对以下问题对检测工装进行改进完善。

1）检测工装跑偏

经分析该故障是由于以下几个因素造成的：

（1）前轮为非整体结构，所选材料为铝合金 2A12，弹性模量较低，刚度较差。

（2）前轮轴与转向推杆及横拉杆之间采用铰接形式，但采用螺钉代替销轴的方式使配合间隙较大，转向系之间松动导致转向精度降低容易跑偏。

（3）转向横拉杆为定长结构，而实际加工时销孔配合尺寸有误差，定长结构的横拉杆无法弥补加工误差。

针对此问题，采取了以下措施：将前轮轴材料由铝合金 2A12 改为 45 号钢，刚度提高 3 倍；将转向系的铰接件由螺钉改为销轴，减小了配合间隙，转向更加精准；将转向横拉杆由定长结构改为可调长度的结构，调节杆为正反丝结构，长度可通过调节螺母调节并锁紧。通过后续测试，采用以上措施后检测工装跑偏现象得到极大缓解，检测过程中能基本实现对中行走，对中精度满足指标要求。

2）排绳绞车排缆器失效

经项目组讨论排绳绞车排缆器失效故障是由于排缆丝杠导程选取不合理所致。由于排缆丝杠导程取值偏小，导致左旋螺纹及右旋螺纹所形成的槽尖之间的间距过大，从而导致活销的开角过大，活销尖部较为薄弱，排缆过程中在侧向力的作用下容易变形而导致中途发生换向致使排缆失败。

绳索从滑轮中脱出故障原因：由于受限于结构行驶，排缆器与导绳孔之间的距离较近，当绳索处于卷筒两侧的位置时，排缆器与导绳孔之间的夹角过大而导致绳索从排缆器滑轮中脱出。

针对排绳绞车排缆器失效的问题，项目组采取加大导程的方式，将排缆丝杠的导程增加 1.25 倍，同时更改同步带的传动比，由 1：2 更改为 1：2.5。另外，加大丝杠直径也可以改善排缆状况，改进设计中将丝杠直径由 16mm 更改为 22mm。

针对绳索从滑轮中脱出的问题，项目组采取更改排缆器结构的方式，将滑轮式排缆器更改为滚轴式排缆器。由于采用滚轴的导缆方式，排缆器体积较以前更为紧凑，排缆架所受侧向力及力矩均得到改善。另外由于绳索从排缆器中间穿过，进出端均通过滚轴导缆，减少绳索摩擦的同时也解决了绳索从滑轮脱出的问题，提高了排缆器的可靠性。

3）检测小车停止时在廊道斜井面出现滑移

经项目组讨论该故障是由于停车时绞车电机未抱闸而单纯依靠减速机的自锁力来将检测

小车锁紧，当自锁力不足时便出现滑移现象。除了蜗轮蜗杆减速机具有自锁能力外，行星减速机及谐波减速机不具有或仅具有较小的自锁力。因此项目组从软件段着手，通过更改启停控制策略来解决该故障，具体为：绞车启动前先发送松闸指令，待检测到松闸信号后，电机启动；停止时则先关闭电机，然后再使抱闸器抱闸。经过测试表明采用该启停策略后检测小车在斜井壁面停止后状态稳定，未再出现滑移现象。

4.3.3 应用情况

在三峡船闸 2017 年与 2018 年计划性停航检修期间，缺陷检测工装安全高效地完成了北线五级船闸 8 个输水廊道斜井段的检测。检测工装能按要求完成大坡度廊道（57°）斜井的壁面缺陷检测，检测精度能达到 0.2mm 以上裂缝可识别；检测范围能实现廊道斜井壁面全覆盖，检测区域无死区。同时，检测小车能实现缺陷的快速定位和存储，定位精度满足要求。该检测工装纠偏功能有效，能按要求实现检测车的对中行走；检测工装无线通信顺畅，传输效率满足信号及指令传输要求。此外，该检测工装吊装安装方便，布置灵活，软件界面友好，操作简单，满足廊道快速检测的需求。

4.4 输水廊道倒悬面快速修复砂浆研制

4.4.1 研究背景

三峡船闸输水廊道水流条件较差，特别是第一分流口附近受水流条件影响较大，导致输水廊道破损点较多，每次修补的工作量较大。南四闸室第一分流舌倒悬面修补施工在 2006 年和 2012 年分别采用原乳液砂浆，利用机械喷涂施工工艺进行修复施工，从两次修复的检查结果来看，破坏均发生在修补层与原混凝土结合面上。结合 2012 年检修情况看，缺陷修补部位 60 余处，修补面积 22.89m^2，原修补砂浆是经过多年使用成熟的修补材料，在输水廊道立面和底板混凝土破损修补面，修补效果能满足基本要求，说明该材料本身抗磨性能较好。但是由于原倒悬面修补材料自重对修补层有拖拽作用，从钻孔取芯情况看黏结面轻微脱空。由于输水廊道结构复杂，原采用机械喷涂时，喷涂设备进入作业面比较困难，加上修补部位多、每个修补点面积较小，材料浪费较大。研制一种砂浆解决材料自重对修补层拖拽作用，同时能够方便手工作业快速修补显得尤为重要。

4.4.2 研制过程

结合输水廊道水流条件、修补效果及检修效率考虑，通过对原修补砂浆的材料组分、性能和修补施工工艺开展研究，在类似输水廊道倒悬面的混凝土面板上进行了模拟施工。

1. 研究内容的确定

1）材料应用研究

参照原修补砂浆的材料组分和性能，通过添加塑性纤维，调整砂浆骨料种类级配，使倒悬面修补砂浆在防止离析、降低收缩、保持触变性等方面的性能得到提高和完善。

2）施工工艺、工法、措施研究

通过调整材料水灰比，分别提出适用于机械喷射和现场手工修补作业的不同材料配比，考虑到当前船闸输水阀门运行方式和蚀损特点，本次试验侧重于手工修补材料。

针对优化调整后的材料配比，按规范提出材料的标准抗压强度（1d、3d、7d、28d）、黏结强度、收缩率、触变性等性能检验指标。

在本次材料配比试验及前期相关研究和生产实践的基础上，对优化调整后的倒悬面修补砂浆的原材料组成、现场拌制和使用工艺等进行整理并提出具体操作说明。

2. 试验研究过程

在已有的试验研究基础上，提出更能满足实际情况要求的试验任务，额外增加了模拟倒悬面施工，模拟倒悬面黏结力拉拔测试和流动度测试等。在有限的时间内，根据现场实际需求有限扩展试验内容，但不能避免仍然存在一定的局限性，有待在后续的工程实践中不断完善、总结和提高。

1）试验进度计划

主要依据模拟施工的可操作性来实施各试验步骤，从初步模拟施工，到持续改进和优化配方，再进行模拟施工，直至满足试验要求，最后进行试件制作及性能测试，主要试验节点从配方设计、配方试制、初步模拟及测试、模拟施工、试件制作及测试、数据整理编写等进行研究。

2）方法及过程研究

配方试制阶段，以原配方的施工性能及特性摸索为主。《三峡船闸 2012 年岁修工程喷射修补材料试验报告》中的最佳喷射配合比为水泥：砂：乳液：水 =1：1：0.2：0.1，实验室按该配合比配制乳液砂浆，发现砂浆并不具备流动性。经分析原因及结合 2012 年现场喷射施工时，曾经需要添加一定量水，才能实现喷射施工的信息，预计室内调制配方时是偏干性的，实验室采用 42.5 级普通硅酸盐水泥和额外补加水及胶乳量，调节砂浆状态达到可喷射施工为止，通过多组试验配制确定配合比微调后为水泥：砂：乳液：水 = 1：1：0.21：0.12。实验室以此配合比作为试验参照配合比，实施同步对比试验研究。主要研究了特种填料对降低砂浆比重及力学性能影响，考察了聚丙烯纤维对砂浆可施工性的影响，并对增韧、增强效果进行表征。

3. 模拟施工

以浇筑的 C40 级混凝土板，支撑成∏型倒悬面，进行模拟现场施工，见图 4-33。

施工工艺过程：基面打磨→润湿基面→涂刷底胶→甩抛砂浆→抹平砂浆→逐层加厚。详细施工过程编制了作业指导书，施工步骤见图 4-34。

图 4-33 混凝土板倒悬面模拟

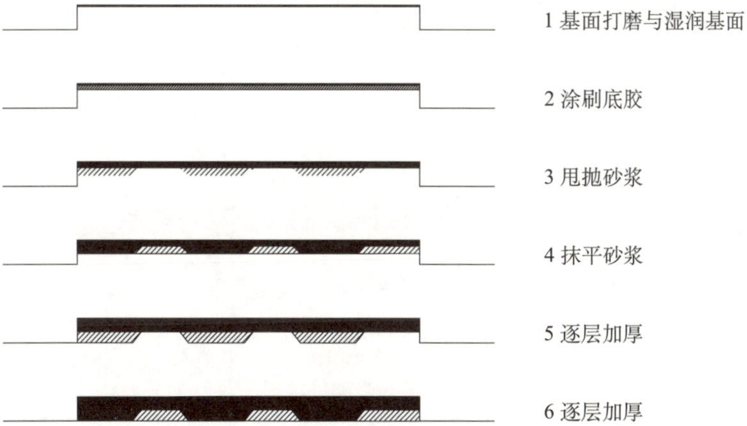

图 4-34 施工步骤

4. 测试结果

1）抗压、抗折性能测试

新旧配方的测试样条均在相同条件下制备和测试。由于原始配方具有更低的水灰比，所以原始配方的力学性能略优于新配方。但施工性能较差，不利于现场拌和与施工。而新配方在没有大幅降低力学性能的情况下具有更佳的施工性能，可以有效保证现场施工进度。从抗折强度（1d）指标分析，新配方中由于纤维的作用，抗折强度明显提高，调制后乳液砂浆抗折、抗压性能见图 4-35 和表 4-3。

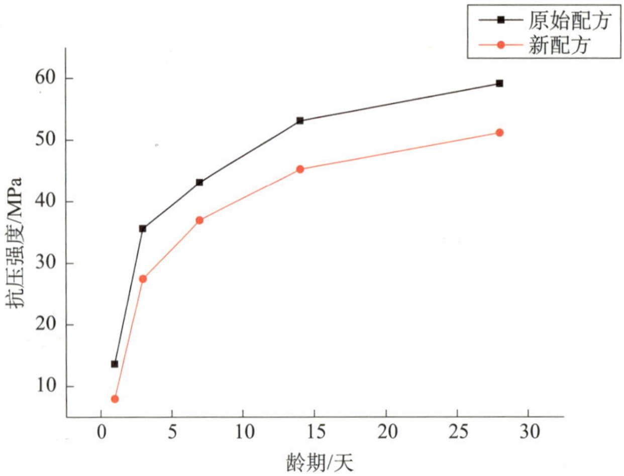

(a) 新旧配方的抗压强度与龄期的关系

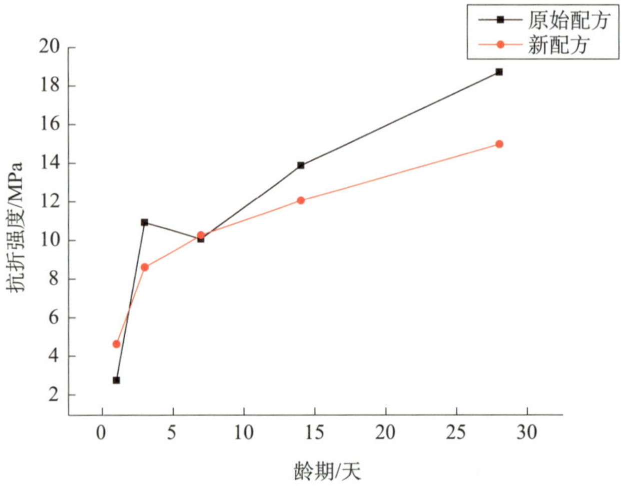

(b) 新旧配方的抗折强度与龄期的关系

图 4-35　新旧配方不同龄期抗压、抗折强度对比曲线

表 4-3　砂浆测试结果

序号	检测项目	性能指标		检测结果
1	抗压强度 /MPa	1d	≥ 10	12
		3d	≥ 25	33
		7d	≥ 35	45
		28d	≥ 45	52
2	抗折强度 /MPa	≥ 10		13
3	黏结强度 /MPa	≥ 1.5		1.7

2）线性收缩率测试

测试 10cm×10cm×40cm 样条长度方向上的尺寸随时间的变化关系。从图 4-36（a）的结果可知，起初原始配方和新配方均处于微膨胀状态，随时间缓慢收缩并趋于磨具原始尺寸；从图 4-36（b）的结果可以看出，新配方具有更好的尺寸稳定性。

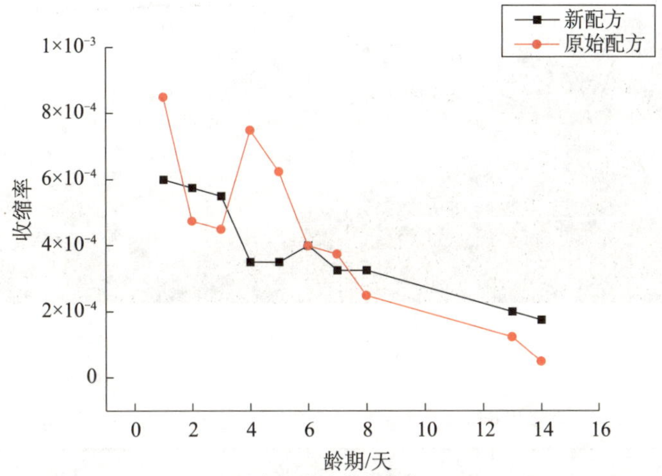

(a) 尺寸的收缩率

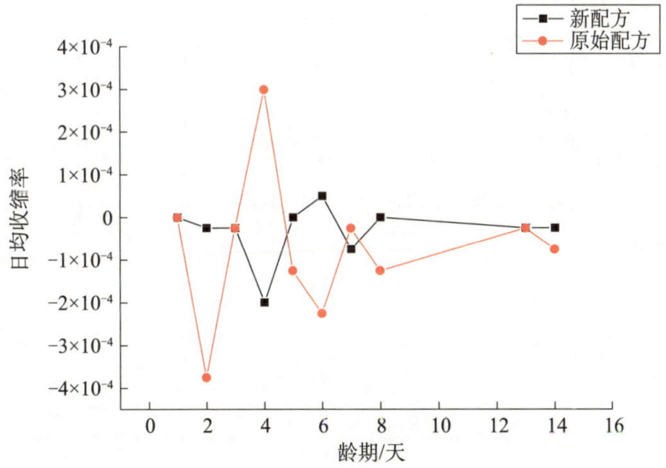

(b) 尺寸的日均收缩率

图 4-36　新旧配方不同测试方法下的收缩性能趋势

3）倒悬面黏结力测试

倒悬面的施工不同于水平面，其由于受到重力以及施工震动作用容易发生界面脱开，形成空鼓，会极大影响施工效果。现场拉拔试验照片见图 4-37。从表 4-4 中也可以看出，随着施工厚度增加，拉拔强度均有所降低，有些降低十分明显。

4）流动度测试

依据 GB/T 2419—2005《水泥胶砂流动度测定方法》，通过测量一定配比的水泥胶砂在规定振动状态下的扩散范围来衡量其流动性，流动度测试结果见表 4-5。

图 4-37　现场拉拔试验照片

表 4-4　新旧配方在倒悬面上的黏结强度与涂抹厚度的关系

配方	底涂时间	厚度 /cm	14d 拉拔强度 /MPa	30d 拉拔强度 /MPa
新配方	10min	0.8	1.73	1.67
		2.4	1.77	1.51
		3.3	1.28	0.92
		4	0.53	0.77
	60min	1.3	1.39	2.57
		2.8	1.4	2.07
		4.1	1.03	1.51
		4.3	0.94	0.71
原始配方	10min	1.1	1.78	1.82
		3.2	0.84	0.14

表 4-5　新旧配方流动度对比

配方	直径 /mm		平均直径（即流动度）/mm
新配方	1	133	133.5
	2	134	
原始配方	1	125	125.5
	2	126	

可以看出，新配方具有更好的流动性，表明其具有更佳的施工可操作性能。

通过降低比重，利于提高倒悬面上砂浆的单次施工厚度；添加丙烯纤维材料，减少倒悬施工时可能发生的离析及掉落；所调制砂浆可以采用甩抛法布料，提高施工效率；化大为小，分仓抹压施工，有效减少施工干扰，同时提高黏结面质量可靠性；为了保证施工黏结力，砂浆单次施工厚度不宜大于 2.5cm。

4.4.3 实施应用效果

倒悬面修复砂浆于南线船闸 2015 年计划性停航检修首次现场施工中采用，使用前制定了作业指导书。采用新研制的倒悬面修复砂浆提高了作业效率，减少了材料浪费，解决了因材料自重导致修补层与老混凝土面的黏结面脱空问题，满足了快速检修需要。南三闸室输水廊道第一分流口南侧舌板下层表面缺陷修补前与修补中照片见图 4-38，运行四年后效果照片见图 4-39。

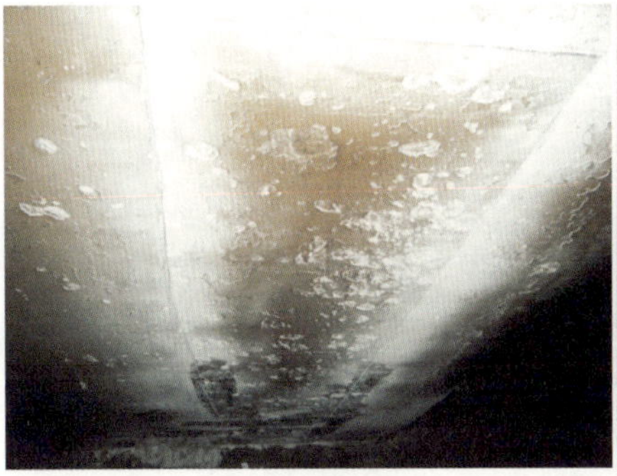

（a）修补前

（b）修补中

图 4-38 南三闸室输水廊道第一分流口南侧舌板下层表面缺陷修补前与修补中照片

图 4-39 运行四年后效果照片

4.5 基础排水廊道竖井专用吊篮

4.5.1 基础排水廊道施工交通状况

三峡双线五级船闸每线布置有 12 个基础排水廊道（以下简称基排廊道）竖井，双线共 24 个。竖井深度约 70m，井口长 1.6m、宽 1.2m，是进出基排廊道的施工通道。

基排廊道内有安全监测和检修的需要，平时出入基排廊道竖井可以采用载人升降车配合施工，遇到停航检修时，由于船闸检修工作面多，工作量大，5 台载人升降车无法满足闸面到闸室底板、各类门井及输水廊道和基排廊道的检修需要；汽车起重机加吊篮载人上下不满足安全规范要求；爬梯上下，体力消耗大，用时长，严重影响基排廊道施工进程。经市场调研，无成熟设备可专用于三峡船闸基排廊道施工交通。为缩短检修工期，实现基排廊道上下交通快速畅通，需研制竖井专用载人交通工具。

4.5.2 船闸基础排水廊道竖井专用吊篮研制

1. 调研与分析

经讨论研究，竖井交通工具研制可借鉴高空临边作业机械；高空临边作业机械主要包括车载式工作平台、移动式升降工作平台和固定式升降工作平台。三峡船闸载人升降车属于车载式升降工作平台，但其造价太高。一些高空作业机械主要是将作业人员、工具、材料等通过作业平台举升到空中指定位置进行各种安装、维修等作业的专用高空作业设备，虽然品类丰富，但与船闸需求无关。

电动吊篮属于固定式升降工作平台，见图 4-40。20 世纪 80 年代，中国开始引进电动吊篮设备，因其施工适应性强、施工效率高、架设装拆方便、造价低、劳动强度低等特点，广泛应用于房屋建筑、高架桥梁、水利水电建筑物、化工冶炼、修船造船以及电梯安装等工程的施工作业当中。高处作业吊篮一般是由悬吊平台、提升机、安全锁、电气控制箱、悬挂机构、配重、钢丝绳等部件及配件组成。

悬吊平台是施工人员的立足场地，它由高低栏杆、篮底和提升机安装架组合而成。提升机是悬吊平台的动力部件，采用电动爬升式结构。提升机由电磁制动三相异步电机驱动，经蜗轮蜗杆和一对齿轮减速后带动钢丝绳输送机构使提升机沿着工作钢丝绳上下运动，从而带动悬吊平台上升或者下降。安全锁是悬吊平台的安全保护装置，当工作钢丝绳突然发生断裂或者悬吊平台倾斜到一定角度时，能自动快速地锁牢安全钢丝绳，保证悬吊平台不坠落或者继续倾斜。悬挂机构是架设于建筑物上部，通过钢丝绳来悬吊悬挂平台的装置。电气控制箱是用来控制悬吊平台运动的部件，主要元件安装在一块绝缘板上，万能转向开关、电源指示灯、启动按钮和紧急停机按钮装置在箱板门板上。

市场上常用电动吊篮见图 4-40，对于船闸基础排水廊道竖井交通应用存在以下问题：船闸井深太大，安全风险增高；竖井口位于船闸交通道路上，常规吊篮使用抗干扰能力差；井口长 1.6m、宽 1.2m，尺寸偏小，且井内结构凹凸不平，吊篮尺寸受到限制；竖井交通每天有许多人上下，人员上下安全风险大等。

图 4–40　电动吊篮

2. 专用吊篮设计

针对市场上常用电动吊篮使用问题，研制了三峡船闸基础排水廊道竖井专用吊篮，结合船闸基础排水廊道竖井施工交通需求，总体技术要求如下：

（1）专用吊篮设计须遵循国家有关载人设备设计、制造、使用等相关规定，满足载人安全要求，可进行小量物料运输；设备投用前须提供相应的质量认证证书。

（2）龙门架长 × 宽应大于 2m × 2m，满足井口布置要求；鉴于竖井垂直度偏差，载人吊篮长宽尺寸小于 1m × 1m。

（3）吊篮提升高度大于 70m，提升速度不低于 15m/min。

（4）吊篮设计荷载 500kg。

（5）提升系统应含有安全装置与结构。

（6）结构设计应便于运输、吊装与布置，便于人员上下进出。

（7）设备操作流程应简洁，操作界面友好。

根据总体技术要求，专用吊篮设计主要分上部起吊框架及载人升降平台两部分，两部分通过钢丝绳连接。专用吊篮存放或运输过程中，载人升降平台采用铁链固定在起吊框架内；工作状态时，起吊框架固定，载人升降平台垂直上下。专用吊篮示意图见图 4–41。

上部起吊框架为移动式龙门架结构，结构上布置有提升机、安全锁、收绳器、电气控制箱、前后围栏、铝合金封板、底板等，见图 4–42。提升机和安全锁各 2 个，左右对称布置；1 个电器箱镶嵌在龙门架方框结构上；提升机下方安装了钢丝绳收绳器和钢丝绳的导绳装置，以使钢丝绳顺利进入收绳器；起吊框架一圈有封闭栏杆，防止周围人员跌落，栏杆上设置一扇门用于人员上下；栏杆底部安装封闭挡架，防止异物落入井内；框架四脚为万向轮，并配有固定顶杆，通过万向轮可轻松地将整体结构移动至任何位置，然后通过旋紧固定顶杆完成专用吊篮布置。

图 4-41　基础排水廊道竖井专用吊篮示意图

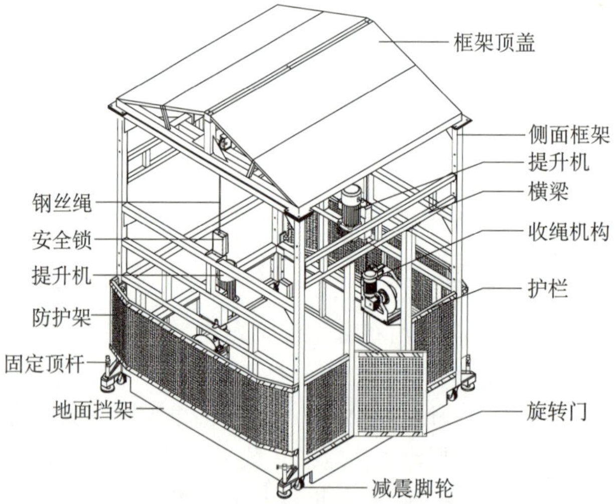

图 4-42　上部起吊框架

提升机采用三相异步盘式制动电机驱动，主要由铝合金箱体、盘式电磁制动电机、离心限速器、三级齿轮减速传动系统及压绳系统组成，见图 4-43。提升机通过压绳系统将钢丝绳压入绳轮的 V 型槽产生摩擦力，起到牵引钢丝绳的作用。

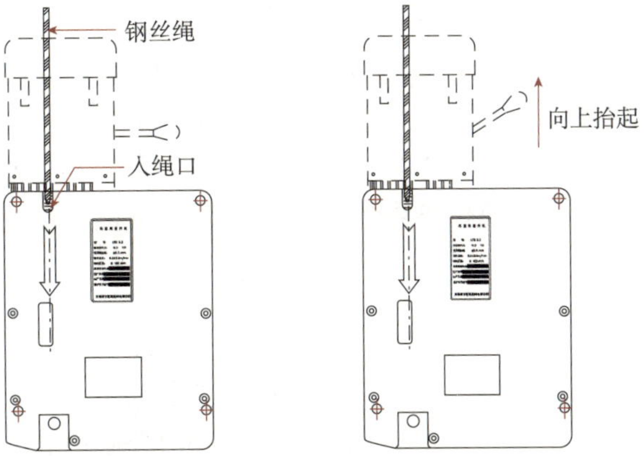

(a) 自动进绳　　(b) 释放电机制动器

图 4-43　提升机的结构

离心限速器由摩擦片、离心块、弹簧及挡片等主要零件组成，离心限速器与小齿轮组装成一体并直接装在电机轴上。该装置在断电时能使吊篮平稳下降，其下降速度在规定的限值内，另外，当电机制动器失灵时，还可作为辅助制动起作用使吊篮不至于加速下坠。

为使停电或其他情况下，吊篮能够下降到指定位置，提升机电机端部设有手动释放杠杆，将杠杆抬起，即可释放电机制动器，使吊篮以匀速下滑，使用限速器释放下滑时，最好两人同时操作，以免两端下滑不同步而使安全锁锁绳。提升机具有自动进绳功能，使用时，用户只需将绳头加工好的钢丝绳直接插入提升机进绳管。

安全锁是保证吊篮安全工作的重要部件，见图 4-44。当提升机故障或工作钢丝绳断裂，悬吊平台发生超速下滑、倾斜等意外情况时，安全锁能迅速将悬吊平台锁定在安全钢丝绳上。根据工作特性可分为离心限速式和摆臂防倾式。

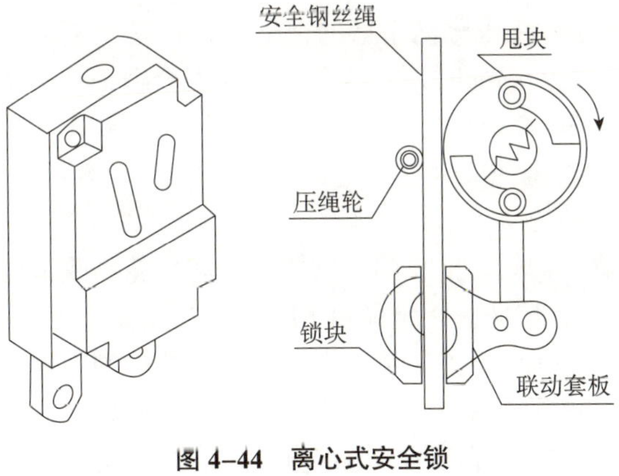

图 4-44　离心式安全锁

专用吊篮采用的是离心限速式安全锁，此类安全锁设有绳速离心触发机构。安全钢丝绳由入绳口进入压紧轮与转盘间，当悬吊平台上下运行时摩擦力带动压紧轮和转盘转动，在转盘上设有甩块，当悬吊平台因故障或工作钢丝绳断裂下降速度达设定值时（小于 1.5 倍额定速度），甩块产生的离心力克服弹簧拉力向外甩开触发锁绳机构动作，锁块锁紧安全钢丝绳，悬吊平台停止下降，在 200mm 范围内停住。

收绳器主要由减速器和电机、绳盘、收绳器轴、轴承座、圆螺母、蝶簧、摩擦片、压板、套筒、轴承等组成，见图 4-45。收绳器总成通过轴承座及减速器上的安装孔安装在吊架上。当吊篮上升时，收绳器电机与提升机电机同时启动，驱动收绳器转动，将钢丝绳卷入收绳器的收绳盘内。当吊篮下降时，收绳器电机不通电，通过提升机的驱动和吊篮的载荷克服收绳盘与摩擦片之间的摩擦力将钢丝绳从收绳器中拉出。

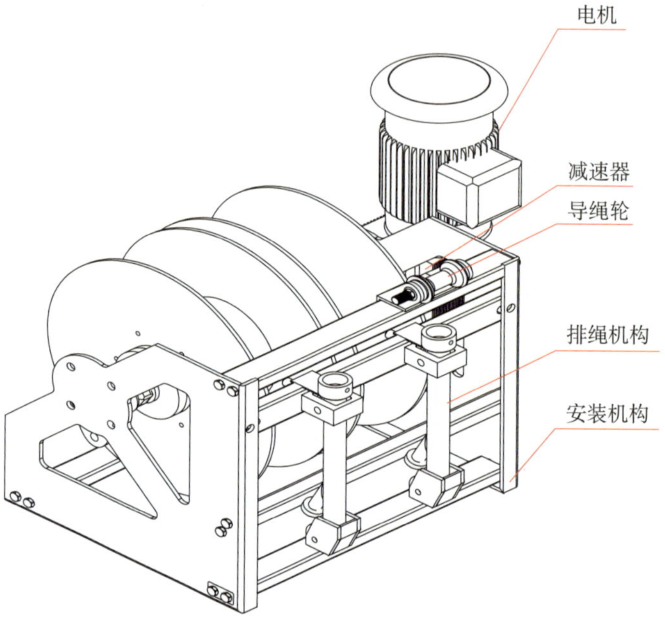

图 4-45　收绳器结构

钢丝绳分为工作绳、安全绳。吊篮的悬挂由两根工作绳和两根安全绳组成（绳头需加工后方可使用）。工作钢丝绳用来驱动吊篮的上下运动；安全钢丝绳穿入安全锁，平时顺利通过，但当吊篮倾斜或工作绳断绳时，安全锁迅速将安全绳锁住，从而防止事故的发生。安全绳和工作绳分别从安全锁和提升机出来后，通过各自的导绳块进入收绳器的绳盘中，卷绕在收绳器上。工作绳和安全绳应为无油电镀锌钢丝绳，结构为 4×31Fi+PP-ϕ8.3，直径为 8～8.3mm，破断拉力大于 58kN。

载人升降平台由吊篮、护栏、推拉门、防撞块、防撞轮、收缆框、工作灯、电控箱等组成，见图 4-46。左、右、后拉杆采用链条卸扣安装，左、右、后栏杆焊接为一体，前面推拉门方便人员进出；底板用花纹板抽芯铆钉固定。其他构件均用螺栓安装连接。防撞块安装在吊篮的四个角部，上面角部 4 块，下面角部 4 块，防撞块设计成橄榄球状，当四周撞到横向障碍物时会滑开，可避免挂住障碍物。电缆框为铝合金结构，重量轻，外形美观，由螺栓固定在吊篮顶上，吊篮上升时，随行电缆装入电缆框内，避免了电缆直接装入吊篮内造成混乱，损坏电缆，影响工作。

另外，有上限位装置限制吊篮上升高度，结构由安装座、接线盒、上限位开关、碰杆、锁绳开关等组成，当吊篮上升，碰杆碰到固定在钢丝绳上的上限位撞块时，碰杆压下触发第一个上限位开关，切断主电路，吊篮停止上行。

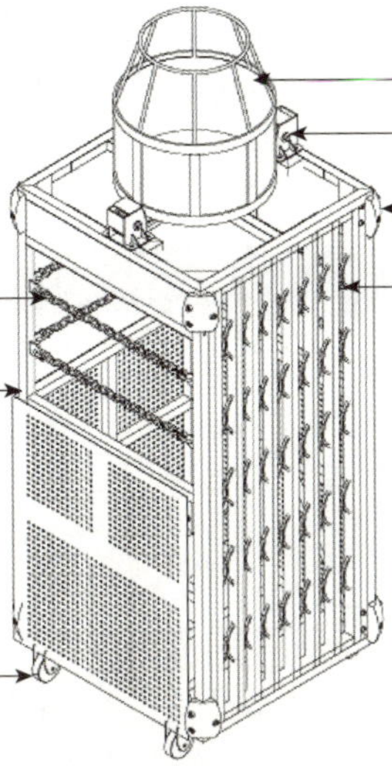

图 4-46 载人升降平台

下限位装置主要由下限位撞杆、悬挂绳、挂钩、限位开关和安装座组成。当吊篮下行，下限位撞杆碰到障碍物时，下限位撞杆向上抬起并触发限位开关，切断主电路，使吊篮停止下行。

3. 试验与改进

专用吊篮研制分两阶段进行，先研制 1 套样机，在现场经过充分试验与使用后，完善设计方案再批量制作。

首台样机在现场试验，总结了一系列改进事宜。针对吊篮总出现停顿需重置的问题，更换了变频器规格型号；吊篮防撞尼龙由方块状改为橄榄球状；吊篮翻倒门改为推拉门；电缆线斗上口改大到 400mm，进口圈加保护层，解决电缆斗电缆不能顺利收放和电缆摩擦问题；在出绳口与收绳导轮之间加装一组导向滚轮，提高收绳效果；按钮改为旋钮，避免升降过程中操作疲劳等。现场使用见图 4-47。

图 4-47 现场使用

4.5.3 应用情况

专用吊篮于北线船闸 2013 年计划性停航检修时首次投入使用，使用前制定了操作与维护规程，制作安全注意事项铭牌，分别固定在操作面板旁，电动吊篮升降可在上部起吊框架的控制面板操作，也可通过吊篮上的“上升”“下降”“紧急停止”来控制，吊篮主要用于人员交通，也可用于检修工器具与材料的运输。

作为每次计划性停航检修重要施工交通工具之一，基础排水廊道竖井专用吊篮通过针对性的技术措施以及规范的操作流程，提高了基础排水廊道检修施工的安全与效率。

4.6 其他检修创新

4.6.1 事故检修门节间充水

1）概况及背景

一闸首挡水前布置有事故检修门，采用 2×2500kN 双向桥机配自动抓梁启闭。事故检修门由上下二层组成，孔口净宽 34m，高 11.5m。上层为桁架式平面滑动闸门，采用焊接结构，分为上下两节，节间用销轴连接，在事故或检修状态下挡水。下层为叠梁门，每节高度均为 3.8m，叠梁门每线 8 节。事故检修门与叠梁门布置于同一门槽内。事故检修门在船闸运行期间作为事故检修门使用；在运行初期当水位为 135～142m 时，需作为第一闸首工作门使用；遇超过最大通航流量的洪水时，则作为防洪挡水门使用。在船闸有水调试时，叠梁门尚需临时反向挡水。平板门主要技术参数见表 4-6。

表 4-6　平板门主要技术参数

启闭方式	闸门形式	孔口尺寸（宽 × 高）/m×m	门体外形尺寸（宽 × 高 × 厚）/m×m×m	门体承跨度 /m	设计水头 /m	重量 /t
2×2500kN 双向桥机配自动抓梁	桁架式平面滑动闸门	34×36	36×7×5.5（上节）	35.5	10.5	322.6
			36×4.5×5.5（下节）			

落放事故门，排干一闸室检修后的充水过程，按原设计要求，采用一闸首廊道检修平板门充水阀进行充水，耗时长达 10h。为提高运行效率，减少船闸检修后的充水时间，为此组织开展了相关研究工作。

2）技术改造

经过前期的计算分析，论证了节间充水的可行性。通过对三峡船闸事故门进行技术改造，即将事故门 2 节平板门之间的固定连接改为活动连接，在提门时，2 个平板门之间产生一定间隙，上游水经过间隙给一闸室进行充水。其操作条件为，一闸室充水时，先由廊道检修门充水，当闸室地板形成约 1m 深水垫后，利用桥机将上节门提升 60～80mm，2 节平板门之间产生一定的间隙，直至充水至平压。图 4-48 为修改后的节间连接板，上挡板保持原形式，下挡板由圆形修改为图示形状；事故检修门上下两节门间连接板螺丝孔与节间连接板配钻；每扇门更换 4 块节间连接板和 8 个轴端挡板，总重量约 2.1t。

3）应用成效

2010 年 11 月 16 日，三峡船闸首次采用事故门节间充水方式，对检修后的南线一闸室进行充水操作。技术人员用桥式启闭机提起上一节事故门，使两节门体产生一定间隙，并通过观察事故门提升高度和提升重量的变化，精确控制节间间隙在 60mm 左右。本次首次利用节

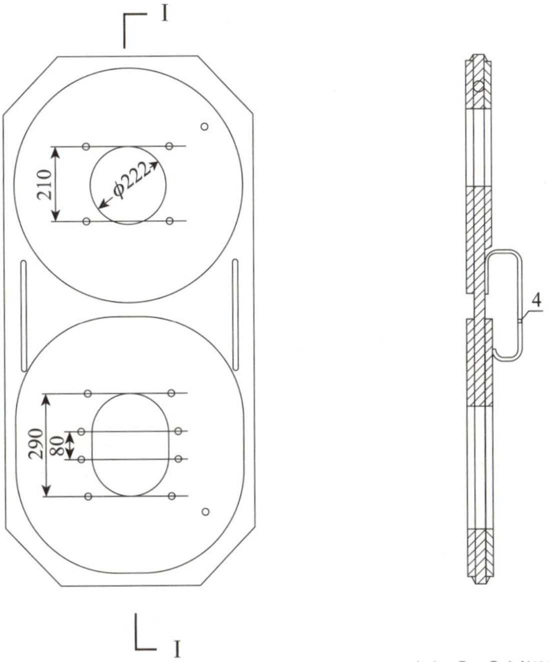

(a) 正视图 (b) I－I 剖视图

图 4-48 修改后的节间连接板（单位：mm）

间充水方式从上游快速注水，仅用 3h 就完成了整个充水过程。比原设计缩短充水时间 7h。图 4-49 为事故门节间充水现场图。

节间充水技术创新成果在后期船闸计划性停航检修和日常修理中也频繁应用。船闸计划性停航检修，节间充水方式充水时间大约由 20h 缩短至 14h；日常修理在需要排干一闸室时，利用节间充水方式可缩短平板检修门提放时间约 4h 缩短一半充水时间。自高水位运行以来，运用事故门节间充水方式，充水效率较以往提高了 70%，可快速恢复运行，对提高三峡船闸的检修效率具有十分重要的意义。

图 4-49 事故门节间充水现场图

4.6.2 五闸室检修辅助排水系统

三峡船闸五闸室需要在排干状态下进行检修时，首先通过浮式检修门关闭五闸室与下游的通道，利用闸室检修排水泵房安装的 3 台大容量深井泵，并同时投入闸室两侧第六排输水廊道工作阀门检修排水泵房中的 4 台深井泵，共 7 台深井泵启动工作，最大排水流量约 $5000m^3/h$。

计划性停航检修进行六闸首人字门顶升检修时，五闸室排干将成为停航检修工期控制项目，当闸室水深 10m，排水量总计约 $100\,000m^3$，排水时间约 20h。为加快五闸室排水效率，缩短检修停航时间，研究制作了辅助排水系统。

首先，对排水线路的选择进行了现场勘查，经比选，跨过外形尺寸为 35.6m × 13.7m × 8m（宽 × 高 × 厚）浮式检修门门体，排水至下游航道，有利于辅助排水系统布置，排水扬程要求最低。根据船闸五闸室工况，辅助排水系统要求排量大，便于运输、吊装与安装，且能适应五闸室泥沙淤积较大的情况。

经市场调研，辅助排水系统排水泵选用了 WQ 型大流量潜水排污泵，该系列泵具有显著节能效果、防缠绕、无堵塞、自动安装和自动控制等特点。在排送固体颗粒和长纤维垃圾方面，具有独特效果。采用独特叶轮结构和新型机械密封，能有效地输送固体物和长纤维。叶轮与传统叶轮相比，该泵叶轮采用单流道或双流道形式，类似于一截面大小相同的弯管，具有非常好的过流性，配以合理的蜗室，使得该泵机械效率较高，叶轮经动静平衡试验，使泵在运行中无振动。三峡船闸选用的潜水泵抽水效率为 $2000m^3/h$。

根据潜水泵以及排水管尺寸，定制了模块化的吊装与工作平台，排水使用时平台与潜水泵、排水管等组成一体化结构，浮门就位后，能直接吊装至排水位置进行排水；使用完成后，平台模块与排水管拆解方便，便于存放。

三峡船闸辅助排水系统主要由 4 台大功率潜水泵、吊装与工作平台、排水管等构成。布置图详见图 4-50。

辅助排水系统在三峡船闸计划性停航检修期间实际应用情况表明，系统安装布置方便快捷；排水量由 $5000m^3/h$ 提升至 $13\,000m^3/h$，五闸室排干时间缩短 12h，直接节约一个白天检修时间，直线工期缩短 1 天，为计划性停航检修按期有序完成提供了坚实保障。

4.6.3 闸室与输水廊道交通爬梯

三峡船闸建筑规模巨大，每次计划性停航检修项目多，作业面分散，闸面到闸室底板、闸面到地下输水阀门井底部、闸面到闸室基底的基础排水廊道以及地下输水廊道内部交通等均存在大高差作业（40～100m），且个别通道部位空间狭小。按照传统、常规的船闸检修模式，每次检修时，主要施工人员通过搭设的安全爬梯上下，搭设通往各检修工作面的安全通道，及完工后的通道拆除等工作，需耗费大量人力、物力，时间需要 10～15 天。传统、常规的做法，已不能满足日益增加的过闸需求对三峡船闸提出的快速检修施工的需要。

研制闸室与输水廊道专用交通爬梯，结合载人升降车、基排廊道竖井专用吊篮等检修交通工具使用，可实现全覆盖的检修交通通道的快速搭建工作。

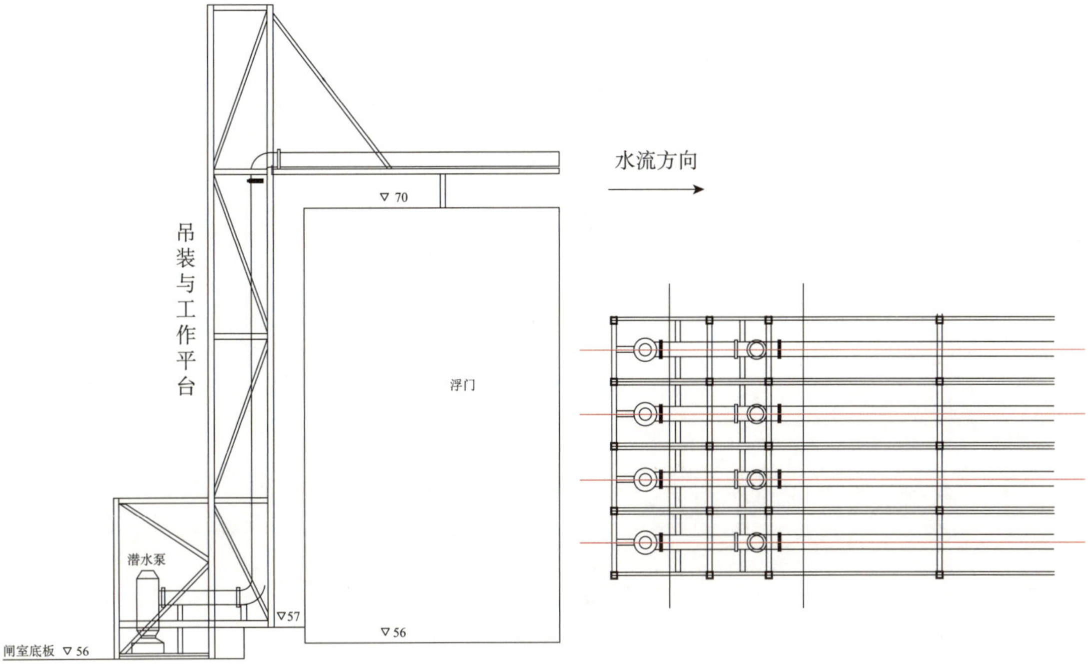

图 4-50 辅助排水系统布置图（单位：m）